남자아이 일생을 결정하는
한 살부터 일곱 살까지 육아법

남자아이 일생을 결정하는 한 살부터 일곱 살까지 육아법

1판 1쇄 발행일 2014년 6월 30일
1판 2쇄 발행일 2015년 3월 31일
글 | 다케우치 에리카
번역 | 심선지
삽화 | 이정학
펴낸이 | 임왕준
편집인 | 김문영
본문디자인 | 박혜림
펴낸곳 | 이숲
등록 | 2008년 3월 28일 제301-2008-086호
주소 | 서울시 중구 장충단로 8가길 2-1(장충동 1가 38-70)
전화 | 2235-5580
팩스 | 6442-5581
홈페이지 | http://www.esoope.com
페이스북 페이지 | http://www.facebook.com/Esooppublishing
Email | esoopbook@daum.net
ISBN | 978-89-94228-95-2 03590
© 이숲, 2014, 2015, printed in Korea.

▶ 이 도서의 국립중앙도서관 출판예정도서목록(CIP)은 서지정보유통지원시스템 홈페이지(http://seoji.nl.go.
kr)와 국가자료공동목록시스템(http://www.nl.go.kr/kolisnet)에서 이용하실 수 있습니다. (CIP제어번호 :
CIP2014018589)

남자아이 일생을 결정하는

한 살부터 일곱 살까지 육아법

男の子の一生を決める 0歳から6歳までの育て方

다케우치 에리카 지음 | 심선지 옮김

아숲

엄마가 잘 모르는
'남자아이 교육의 비결'

최근 고등학교나 대학을 졸업한 젊은이가 '진정으로 하고 싶은 게 무엇인지 모르겠다.'며 집에 틀어박혀 지내는 사례가 늘고 있습니다. 사회인이 되어야 할 젊은이가 자신이 무엇을 하고 싶은지도 모르고, 무언가를 시도해 볼 의욕도 없다는 거죠. 이는 당사자는 물론이고 부모에게도 몹시 괴로운 일입니다.

우리 아이는 괜찮을까? 이대로 키워도 좋을까? 오늘날 자녀 교육에 대한 정보는 전에 없이 넘쳐나지만, 사회 변화도 현기증이 나도록 빨라졌기에 아직 나이 어린 자녀를 둔 부모는 자주 불안해지곤 합니다.

부모라면 누구나 자기 아이가 건강하고 행복하기를 바라죠. 밝고 활기차게 사람들과 잘 지내고, 학교생활도 즐겁게 하고, 공부도 잘하고, 성장해서는 힘차게 사회에 발을 내디뎌 누구에게나 필요한 사람이 되기를 간절히 바랍니다.

그렇다면, 어떻게 해야 어른이 되었을 때 부모에게 의존하지 않고, 자기 날개로 힘차게 날아오르는 아이로 키울 수 있을까요?

7,500명의 아이를 관찰하며
알게 된 사실

안녕하세요.
다케우치 에리카입니다.

저는 20년 가까이 줄곧 아이의 성장에 대해 연구해왔습니다. 유아에서부터 대학생에 이르기까지 7,500명이 넘는 아이를 관찰했죠. 아이의 성장에 과연 어떤 것들이 중요한지를 밝히기 위해 수많은 자료를 검토하고, 조사하고, 연구를 거듭하고, 현장에서 직접 수많은 사례를 경험했습니다. 그리고 저 자신이 남자아이 둘을 키우면서 깨닫게 된 사실이 있습니다.

그것은 남자아이와 여자아이는 각기 특성이 다르다는 점입니다. 남아와 여아가 서로 다른 특성을 살리도록 키운다면, 아이는 물론이고 부모도 어려움을 겪지 않고, 자연스럽게 아이의 능력을 길러줄 수 있습니다.

그렇다면, 남자아이를 키울 때 가장 중요한 점은 무엇일까요?

남자아이에게 '안 돼!'라는 말을
너무 자주 하지 마라

남자아이를 키우는 엄마는 흔히 '아이가 대체 왜 이런 짓을 할까?' 하고 생각합니다. 실제로 엄마로서는 남자아이의 행동은 잘 이해할 수 없는 것 투성이입니다. 막대기로 시끄럽게 여기저기를 두드려대거나, 겁도 없이 높은 곳에서 뛰어내리면, 엄마는 결국 화를 참지 못하고 자신도 모르는 사이에 "안 돼!"하고 소리를 지르게 될 때가 많지 않나요?

하지만 남자아이에게는 되도록 "안 돼!"라고 하지 말고, 하고 싶은 걸 하도록 내버려둬야 합니다. 그래서 실패하게 하고, 경험하게 하는 것이 매우 중요합니다. 아이가 하고 싶어 하는 것을 존중해주세요. 남자아이의 학습 능력은 '의욕'을 통해 자라기 때문입니다. 어릴 때 의욕의 싹이 잘리면, 아이는 어른이 되어서 '그거 해봤자 어차피 실패할 거야.', '나는 못 해.' 하며 자신의 의도를 행동에 옮기기도 전에 "할 수 없다."는 말부터 하거나, 아니면 아예 포기하게 됩니다. 그래서 결국, 사회생활에 필요한 인내심과 적응력을 갖추지 못한 상태에서 성인이 되어, 집에 틀어박혀 무기력하게 살아가게 되기도 하죠.

남자아이는 실패를 통해 사물의 성질을 이해한다,
계속 실패하게 하라

　'의욕'은 아이가 어떤 것에 흥미를 느끼자마자 곧바로 그것을 시도하는 과정이 여러 차례 반복되면서 점점 강해집니다. 그래서 아이가 이것저것 시도해보고 싶어 하도록 꾸준히 유도하는 것이 무엇보다 중요합니다. 당장 눈에 보이지는 않지만, 많은 것을 시도해봐야 어른이 되었을 때 필요한 능력을 갖출 수 있습니다.

　남자아이는 실패를 경험하기 전에는 사물이 어떤 성질로 이루어졌는지 파악하지 못할 때가 많습니다. 먼저 시도해보고, 실패해보고 나서야 비로소 '아, 이건 안 되는 거구나.', '이렇게 하면 아프구나.' 하고 이해하게 되는 거죠. 실패를 일찍 경험하지 못하면 조금 더 컸을 때 위험을 예측하지 못해 곤란한 일이 생기곤 합니다. 예를 들어 아이가 서너 살 때 약간 높은 곳에서 뛰어내리는 장난을 금지했다고 합시다. 그러면 초등학생쯤 되어서 갑자기 높은 뜀틀에서 떨어져 다치는 사고가 생길 수 있죠.

　무슨 일이든지 스스로 체험해서 의욕을 키우는 것은 남자아이에게 중요한 일입니다.

남자아이는 여자아이보다 요령이 없는 것 같지만 단지 성장이 늦을 뿐, 나중에 따라잡는다

"옆집 여자아이는 벌써 말을 하는데 우리 아들은 동갑인데도 옹알이만…."

"우리 아이는 아직 말을 못하는데, 같은 어린이집에 다니는 앞집 여자아이는 초등학생처럼 말을 잘하네…."

남자아이를 조숙한 여자아이와 비교하면 조바심이 나고 속상한가요? 남자아이는 남이 가르쳐주는 대로 하거나, 틀에 박힌 방법을 따르는 데 서툽니다. 남의 말에 귀를 기울이고 사물을 잘 이해하고 난 다음에 행동하는 여자아이와는 다르죠. 남자아이는 때로 무의미해 보이는 행동을 반복하거나, 집중하는가 싶으면 금세 그만두고 다른 것에 몰두하기도 합니다. 다른 사람의 설명을 듣지 않고, 혼자 이것저것 해보느라 무언가를 이해하고 익히는 데 시간이 걸립니다. 그래서 여자아이가 모든 방면에서 남자아이보다 훨씬 더 빠르게 성장하고 발달하는 것처럼 보입니다.

하지만 걱정할 필요 없습니다. 남자아이는 천천히 성장합니다. 열세 살쯤 되면 여자아이의 성장 속도를 따라잡게 됩니다.

남자아이의 고집은 나중에 험한 사회생활을
헤쳐 나가는 기반이 된다, 그러니 그 싹을 자르지 마라

일곱 살까지 남자아이는 학습 에너지를 쌓아갑니다. 그리고 그 성과는 여자아이보다 조금 늦게 나오죠. 남자아이는 무엇엔가 관심이 생기면 어떻게든 스스로 시도하고, 문제를 해결하는 방법 또한 스스로 찾습니다. 그런 능력은 나중에 사회인이 되었을 때 학교에서 배운 적이 없는 상황에 부딪혔을 때 그 진가를 발휘합니다.

남자아이는 여자아이처럼 문제 해결의 방법을 다른 사람에게 들어서 배우는 것이 아니라, 스스로 시행착오를 반복해서 길을 개척합니다. 그래서 남자아이를 키울 때에는 모험심을 길러주는 것이 무엇보다 중요합니다. 여자아이는 모르는 것을 다른 사람에게서 배우고 이해하는 소통 능력이 있지만, 남자아이는 스스로 새로운 길을 개척하려는 욕구가 강합니다. 그러니 그런 욕구를 실현하는 힘을 길러줘야 합니다.

이 시기에 의욕이 꺾인 아이, 다시 말해 자꾸만 "안 돼!"라는 금지 명령으로 행동을 제한당하는 아이는 호기심이 사라지고, 배우려는 에너지도 부족해져서 무엇이든 어른이 시키는 것만 하게 됩니다.

남자아이에게는 더 많은 시간과 노력을 기울여야 한다, 이 시기를 잘 보내면 나중에 아이 키우기가 훨씬 즐겁다

세 살, 다섯 살, 여섯 살 남자아이는 무척 성가십니다. 첫돌이 지날 무렵부터 세 살까지는 무슨 말을 해도 '싫다.'고만 합니다. 최초의 반항기, 자아가 싹트는 시기죠. 더욱이 네다섯 살이 되면 자립심이 더욱 강해집니다. 모든 것을 자기 고집대로 하고 싶어서 "내가 할래.", "내가 할래." 하며 제멋대로 행동합니다. 시간이 없는 엄마는 아이에게 시달려 한숨을 쉬는 일이 잦아집니다. "장난감 사줘!" 하고 가게 앞에서 떼를 쓰는 것도 이때쯤입니다. 이 시기에 엄마는 평소보다 더 노력해야 합니다. 여러 연령층의 사람들을 대하고, 호기심을 키우고, 자립심과 책임감을 갖추고, 제대로 감정을 조절할 수 있게 이끌어주면, 이후에는 아이를 키우기가 아주 즐거워질 겁니다. 아이가 스스로 자기 일을 처리할 수 있게 되어 떼를 쓰다가도 스스로 타협할 줄도 알게 되기 때문입니다.

이 시기에 자립심을 길러주면 참을성 있고 남을 배려할 줄 아는 강한 아이로 자랍니다. 이런 아이는 목표 의식을 갖게 되고, 문제에 부딪혀도 자기 힘으로 극복할 수 있게 됩니다.

학습 능력과 사회 적응 능력은
인생에서 중요한 두 가지 요소다

아이에게 중요한 것은 학습 능력과 사회 적응 능력입니다. 학습 능력은 공부하고 탐구하는 힘으로, 자기 힘으로 살아가기 위해 책을 읽고, 정보를 얻고, 요구에 대응하는 데 중요한 토대가 됩니다. 사회 적응 능력이란 대인 관계와 타협 등 이른바 '학교에서 가르쳐주지 않는' 것들에 부딪히며 현실 사회에서 살아가는 힘을 말하죠. '학습 능력'과 '사회 적응 능력'을 습득한 아이는 성인이 되어 사회에 이바지하는 능력을 발휘합니다. 그런 아이는 다른 사람에게 도움이 되는 것을 기쁘게 생각하고, 스스로 공부하고 도전하는 사람이 됩니다.

어떤 일에나 의욕적으로 집중해 능력을 발휘하는 아이로 키우려면, 먼저 '학습 능력'을 길러주는 것이 중요합니다. 이것은 아이가 흥미를 느낀 것을 실제 행동을 통해 실현하고, 경험을 통해 이해하는 힘을 갖추게 하는 것을 말합니다. 학습 능력은 구체적으로 호기심·의욕·집중력을 말합니다. 태어나서 세 살까지의 아이는 대부분 이런 능력을 갖추고 있습니다. 아이는 어느 정도 안정된 생활환경에 놓이면, 다양한 것에 흥미를 보이기 시작합니다. 이것이 바로 호기심입니다. 그리고 그것이 무엇인지 확인하기 위해 호기심을 행동에 옮깁니다. 물건을 입에 넣는다거나, 두드린다거나

하는 것이 바로 그런 행동이죠. 무엇이든 시도해보는 태도는 의욕을 길러 줍니다. 그리고 그것이 무엇을 위한 것인지를 이해하는 과정에서 집중력이 생깁니다. 그러니 아이가 하고 싶어 하는 것은 되도록 허락해주세요. 그렇게 함으로써 집중력을 기르는 기회를 얻게 되니까요. 이처럼 호기심, 의욕, 집중력은 '학습 능력'의 기반이 됩니다. 그리고 이 세 가지는 또 다른 흥미를 느끼고, 다시 시도하고, 더 깊게 이해하는 과정을 반복하게 해줍니다. 이 반복이 바로 '학습 주기(cycle)'로 아이의 잠재 능력을 이끌어내는 데 가장 필요한 것입니다.

배움의 기쁨을 아는 아이는 다른 사람들과 맺는 관계에서 배운 것을 직접 현실에 적용하려고 합니다. 그리고 자기 힘으로 살아가기 위해 지향할 목표를 설정하고 앞으로 나아가려고 하죠. 앞으로 나아가기 위해 스스로 어떻게 할지를 생각해야 하고, 잘되지 않더라도 시행착오를 거치는 노력을 기울여야 합니다. 때로는 다른 사람의 도움도 필요하겠죠. 그런 과정을 반복하는 사이에 아이는 자아를 확립하고, 사회에 이바지하는 성인으로 성장해갑니다.

사회 적응 능력은 구체적으로 자립심·참을성·배려심·자신감을 말합니다. 대체로 네 살에서 일곱 살에 이런 능력이 자랍니다. 스스로 해보려는 마음이 자립심입니다. 스스로 해보고 할 수 없다는 것을 체험해서 깨닫거나, 무언가를 약속했을 때 지키지 않으면 안 된다는 것을 체험을 통해 알게 되는 과정에서 아이는 참을성을 배웁니다. 때로는 혼자서 도저히 해결할 수 없는 고통을 경험하고 아픔을 알면, 다른 사람에게 마음을 쓰는 배려심을 배웁니다. 그리고 이런 모든 경험이 자신감으로 축적됩니다. 이처럼 '자립심·참을성·배려심·자신감'은 사회를 살아가는 데 필요한 에너지가 됩니다.

이런 과정을 거치면서 성장하는 기쁨을 알게 된 아이는 성장하는 것 자체가 살아가는 에너지가 되어 어떤 상황에 놓여도 최선을 다하게 됩니다. 이것이 바로 학습 주기 혹은 성장 주기입니다. 아이는 계속해서 배우고, 계속해서 성장합니다. 이런 태도를 몸에 익히게 하는 것, 이것이 슬기롭고 강한 아이로 키우는 비결입니다.

학습 능력과 사회 적응 능력의 일곱 단계를
일 년에 하나씩 몸에 익히게 하자

7 자신감을 기른다

　6 배려심을 기른다

　　5 참을성을 기른다

　　　4 자립심을 기른다

　　　　3 집중력을 기른다

　　　　　2 의욕을 기른다

　　　　　　1 호기심을 기른다

남자아이 키우기 7단계를
1년에 1단계씩 올라가자.

아이는 학습 능력의 세 가지 요소와 사회 적응 능력의 네 가지 요소를 각각 하나의 단계로 삼아 일곱 단계를 일 년에 하나씩 몸에 익히는 것이 바람직합니다. 해당 연령대에 맞추려고 너무 조급해하지 말고 아이가 몸에 익히도록 도와주면, 자연스럽게 남자아이의 능력을 기를 수 있게 됩니다.

1단계
한 살   오감을 자극한다 → **호기심**을 기른다

2단계
두 살   무언가를 스스로 해내는 체험을 한다 → **의욕**을 기른다

3단계
세 살   즐기고, 해내고, 깨닫는 체험을 한다 → **집중력**을 기른다

4단계
네 살   스스로 하고 싶은 것을 한다 → **자립심**을 기른다

5단계
다섯 살   어려움을 극복하는 체험을 한다 → **참을성**을 기른다

6단계
여섯 살   서로 돕는 체험을 한다 → **배려심**을 기른다

7단계
일곱 살   끝까지 해내는 체험을 한다 → **자신감**을 기른다

학습 능력, 사회 적응 능력,
둘 다 중요해요!

1 단계
한 살

호기심을 기른다

한 살은 호기심을 기르는 단계입니다. 남자아이의 재능은 특히 '재밌다.'는 생각에서 출발합니다. 흥미가 생기도록 오감을 자극해주세요. 색이 선명한 그림책을 보여줘서 시각을 자극하거나, 악기 소리를 들려줘서 청각을 자극해주세요. 그리고 스킨십도 충분히 해서 촉각도 자극해주세요. 외출했을 때 나무 냄새와 꽃향기를 맡도록 하는 것도 좋습니다.

- ☑ 꼭 끌어안거나 몸을 쓰다듬는다.
- ☑ 자주 말을 건다.
- ☑ 다양한 소리를 들려준다.
- ☑ 표정을 풍부하게 하고 몸짓을 크게 한다.
- ☑ 선명한 색의 장난감을 준다.
- ☑ 기분 좋은 자연의 냄새를 맡게 한다.

2단계
두 살

의욕을 기른다

두 살은 의욕을 기르는 시기입니다. 특히, 스스로 무언가를 해내는 체험을 많이 하면 무엇이든 시도하려는 특성을 갖추게 됩니다. 그러나 남자아이는 남이 강요하거나 방해하면 바로 의욕을 잃어버리기 쉽습니다. 의욕이 있는 아이로 키우려면, 아이가 스스로 즐거워하는 것을 많이 하도록 해주세요.

☑ 작은 성장에도 "해냈구나!" 하고 인정해준다.

☑ "안 돼!"라고 말하는 대신 "위험해!", "아파!",
　 "뜨거워!"라고 말한다.

☑ 장난감을 주고 어떻게 노는지를 관찰한다.

☑ 집중하고 있을 때에는 가만히 지켜본다.

☑ 열심히 기어 다니게 한다.

❸단계
세 살

집중력을 기른다

세 살은 집중력을 기르는 시기입니다. 여자아이에 비해 남자아이는 주의가 산만하기 때문에 의도적으로 집중력을 기르게 해줘야 합니다. 집중력은 아이의 잠재 능력을 끌어내 충분히 발휘하게 하는 데 꼭 필요하죠. 특히 아이가 즐거워하는 것을 마음껏 하게 해서, 자연스럽게 집중할 수 있는 환경을 만들어줘야 합니다. 자연으로 데리고 나가 아이가 흥미를 느끼는 대로 관찰하고, 탐구하고, 놀게 해주는 체험이 가장 좋습니다. 아이가 스스로 집중할 때의 쾌감을 알고 나면 다른 것들에도 집중할 수 있게 됩니다.

☑ 자연에서 자유롭게 놀게 한다.

☑ 흥미를 느끼는 것을 하게 한다.

☑ 혼자 놀고 있을 때에는 그대로 둔다.

☑ '외롭다.', '아쉽다.'는 말을 가르친다.

☑ '도와줘.', '구해줘.'라는 말을 가르친다.

☑ 달리거나 구르는 운동을 하게 한다.

자립심을 기른다

네 살은 자립심이 싹트는 시기입니다. 남자아이는 천성적으로 자립을 원합니다. 무엇이든 스스로 해보고 싶어 해서 시간이 오래 걸려도 개의치 않습니다. 하고 싶은 대로 하게 하고, 실패하면 책임을 지는 방법을 가르쳐 주세요. 끈기가 필요하긴 하지만, 이 단계에 부모가 잘 대처하면 아이는 자립심과 책임감을 익히게 됩니다.

- ☑ "내가 할래!"라고 하면 그렇게 하게 한다.
- ☑ 싸움의 해결 방법으로 타협을 배우게 한다.
- ☑ 실패했을 때 뒤처리하는 방법을 가르친다.
- ☑ 스스로 처리하게 해서 책임감을 기른다.
- ☑ 아이의 말을 반복해준다.
- ☑ 마음에 상처를 주는 꾸지람은 하지 않는다.

참을성을 기른다

　다섯 살은 참는 것을 배우는 나이입니다. 천성적으로 자립하기 좋아하는 남자아이에게는 특히 참을성을 기르도록 신경 써야 합니다. 참을성이 없는 아이는 자기 말과 행동을 책임지지 못하고, 시작한 일을 끝까지 해내는 끈기가 없습니다. 일단 스스로 "한다.", "지킨다."고 말한 것은 반드시 하거나 지키게 하고, 자신과 타협하지 않게 해야 합니다. '과자는 일주일에 한 봉지만 산다.'고 약속했다면, 절대로 그 이상 사지 않게 해야 합니다. 스스로 하겠다고 결정한 것을 지키는 참을성은 결국 더 큰 의미의 인내심을 길러줍니다.

☑ 아이와 이야기해서 규칙을 정한다.

☑ 그 규칙을 지키게 한다.

☑ 약속을 어기면 조용히 타이른다.

☑ 냉정하게 "다 할 때까지 계속 옆에 있어줄게."
　라고 말한다.

☑ 아이의 요구에 휘둘리지 않고 "네가 알아서 해야 해."라고 한다.

배려심을 기른다

여섯 살은 배려심을 기르는 시기입니다. 남자아이는 모든 것을 자기 생각대로 하기를 좋아해서 남에게 조언을 구하거나, 지적받기를 싫어하죠. 그래서 아이가 다른 사람들과 서로 도우며 능력을 발휘하게 하려면 남을 배려하는 마음을 키우도록 신경 써야 합니다.

자연스럽게 남을 배려하는 마음이 생기게 하려면 남의 아픔을 이해하게 할 필요가 있습니다. 따라서 앞서 말한 '참을성' 단계를 충분히 경험하게 하는 것이 중요합니다. 직접 괴로운 경험을 해봐야 비로소 남을 돌보고자 하는 마음도 싹트기 때문이죠.

☑ 괴로운 경험을 통해 남에 대한 연민이 생긴다.

☑ 도전하고 나서 속상한 경험을 하게 한다.

☑ 난폭한 아이에게는 '가상 놀이'를 하게 한다.

☑ 아이에게 진심으로 "고마워.", "미안해."라고 말한다.

☑ 어른이 스스로 잘못을 인정한다.

⑦단계
일곱 살

자신감을 기른다

　일곱 살이 될 무렵에는 자신감을 기르게 합니다. 도전하기를 좋아하는 남자아이에게 자신감은 최고의 무기입니다. 자신감은 스스로 결정한 것을 끝까지 해낼 때 생깁니다. 결과를 보지 못하는 아이에게는 이전 단계로 돌아가서 서로 돕는 체험을 하게 합니다. 그리고 따뜻한 미소와 친절한 목소리로 "너는 할 수 있어."라고 말해주세요. 자신이 혼자가 아니라는 안도감은 최고의 자신감이 됩니다. 그리고 이 자신감은 한층 더 성장하는 데 원동력이 됩니다.

- ☑ "누가 너를 사랑해주지?" 하고 물어본다.
- ☑ 할 수 있다는 것을 믿어준다.
- ☑ "너는 할 수 없어."라는 말을 절대 하지 않는다.
- ☑ 아빠가 관심을 보이며 말을 건넨다.
- ☑ 어떻게 해야 좋을지 망설여지면 일단 꼭 끌어안는다.

설령 아이가 마치지 못한 단계가 있더라도 초조해하지 마세요. 그러나 이전 단계로 돌아가는 일이 있더라도 제대로 마치는 것이 중요합니다.

아이는 한 살부터 매년 한 단계씩 올라가면서 일곱 단계를 거칩니다. 그렇게 일곱 살이 끝나갈 무렵이면 마지막 단계에 올라갑니다.

남자아이는 호기심과 의욕이 넘치고 자립을 좋아하는 경향이 있으므로, 한 살에 '호기심', 두 살에 '의욕', 네 살에 '자립심'을 한껏 길러주세요. 그리고 세 살에는 한 가지에 집중하는 '집중력'이, 여섯 살에는 친구와 서로 돕는 '배려심'이 부족하기 때문에 좀 더 신경 써서 이런 면을 길러줘야 합니다.

우선 아이가 지금 어떤 단계에 있는지를 관찰하고 다음 단계로 올라갈 수 있게 부축해주면 아이는 순식간에 스스로 힘을 내며 성장해갑니다. 혹시 어떤 단계에 멈춰 있다거나, 아직 어떤 능력을 갖추지 못했다는 생각이 들더라도 초조해할 필요는 전혀 없습니다. 이전 단계로 돌아가면 되니까요. 아이를 키우는 일이 왠지 힘겹고, 순탄하지 않다는 생각이 드는 이유는 이런 단계들을 건너뛰어 시기에 맞지 않는 것을 아이에게 요구하기 때문입니다. 남자아이는 두 단계나 세 단계씩 건너뛰기 어렵습니다. 오로지 한 단계씩 올라가도록 하세요.

이 책에서 제시하는 단계별 연령대는 앞뒤로 일 년 정도 여유 있게 생각해도 좋습니다. 예를 들어 네 살에는 '자립심'을 기르는 시기라고 제시하고 있지만, 우리 아이가 아직 그 정도로 성장한 것 같지 않으면 세 살 단계에서 하는 '집중력'을 길러주는 것이 좋겠죠. '네 살인데도 아직 이 단계를 통과하지 못했다'고 초조해하지 말고 '우리 아이 성장에 맞춰 단계를 하나하나 밟도록 해줘야지.' 하고 느긋하게 생각하세요. 동시에 두 단계를 지날 수도 있으니, 그럴 때에는 두 단계 각각의 능력을 길러주면 됩니다.

어떤가요?
지금까지 이야기한 것을 포함해서 이제 더 구체적으로
남자아이 양육법을 알려드리도록 할게요.

제7장 일곱 살에는 자신감을 길러라

제1장
한 살에는
호기심을 길러라

호기심이 모든 것의 시작이다
아이가 재미를 느끼는 것을 계속하게 하라

한 살 남자아이에게 필요한 것은 끊임없는 호기심입니다. 이것은 두 살이 지난 남자아이도 성인 남성도 마찬가지입니다. 남자아이의 성장은 호기심에서 출발합니다. 여자아이는 사람과 어울리기를 좋아해서 인간관계를 통해 여러 가지를 배우지만, 남자아이는 자신이 느끼는 흥미에 따라 행동합니다. 흥미가 없는 것에는 쉽게 싫증 내고, 곧잘 주의가 산만해지죠.

어른들도 "잘 모르겠습니다.", "상상할 수 없습니다."라는 말을 자주 하는데, 이것은 감성이 부족하기 때문입니다. 감성을 기르는 것은 바로 호기심입니다. 호기심으로 무언가에 흥미를 느끼게 되면 새로운 아이디어가 계속 샘솟아 활기차고 힘 있는 아이가 됩니다. 그러니까 이 시기에는 다양한 분야에 흥미를 느끼고 호기심을 기르게 해주세요.

만약 한 살이 넘은 아이가 어떤 것에도 좀처럼 흥미를 느끼지 못하고 호기심이 부족하다면, 다시 한 번 이 단계로 돌아와 감성을 자극해서 호기심을 일깨워줘야 합니다.

한 살 때는 아기의 감정과 뇌의 기능이 왕성하게 발달하는 중요한 시기이므로 가만히 앉아서 성장하기를 기다리기보다는 감정을 자극해서 여러 분야의 발달을 촉진해야 합니다. 울기밖에 못하던 아기는 이제 웃을 줄도 알게 됩니다. 아기가 웃는 것은 자기가 좋아하는 엄마와 소통하고 싶기 때문입니다. "아아…." 하고 옹알이를 하는 것은 소리를 통해 자신의 의사를 전달하고 싶기 때문입니다. 갓난아기를 꼭 끌어안고, 말을 많이 해주세요. 그러면 눕혀두기만 한 아기보다 훨씬 빨리 고개를 가누게 됩니다. 아기를 앉혀놓을 수 있게 되면, 양손을 움직이는 즐거움을 체험하게 하고, 함께 많이 놀아주세요. 그러면 아기는 점점 안정적으로 앉을 수 있게 되고, 멀리서 부르거나 말을 걸면 기어서 앞으로 가거나 돌아다니게 됩니다. 어른이 자주 말을 하고 웃어주면 아기는 말하는 것이 의사소통이라는 것을 알게 되고, 웃는 것이 감정 표현이라는 것도 알게 됩니다.

기분 좋은 자극을 많이 해주세요!

한 살에는 아기가 반응을 보이는 행동을 많이 하게 해주세요. 이 시기에 아기의 감정과 뇌를 자극해주면, 아기가 자라면서 그 효과가 호기심의 형태로 나타납니다. 아기가 관심을 보이는 것, 즐거워하는 것, 반응하는 것에 주의를 기울여 계속 기분 좋은 자극을 해주세요.

호기심을 기르기 위해 오감을 자극하라
말을 걸고(청각), 안아줘라(촉각)

한 살 무렵에 감성을 자극해주면 호기심이 생기기 시작합니다. 호기심은 감성과 밀접한 관계가 있습니다. 다양한 감각을 체험하는 정도를 높이면, 아기는 사물에 더욱 흥미를 느끼게 됩니다. 구체적으로 시각·청각·촉각·미각·후각, 즉 오감을 자극하는 것이 좋습니다. 한 살 무렵에 곧바로 효과가 있는 것은 아니지만, 나중에 아이의 능력은 큰 차이를 보이게 됩니다.

아기는 태어났을 때 앞이 보이지 않기 때문에 주변 상황을 파악하기 위해 먼저 청각이 발달합니다. 청각이 예민한 아기는 첫돌이 지날 무렵부터 언어 능력이 급속히 발달하고, 음악을 좋아하게 됩니다. 따라서 먼저 청각을 자극해주는 것이 중요합니다.

- 다정한 목소리로 자주 말을 건다.
- 소리 나는 장난감을 가지고 놀게 해준다.
- 기분 좋은 자연의 소리를 들려준다.
- 음악과 친해지게 한다.

아기에게 가장 좋은 자극은 바로 엄마 배 속에 있을 때부터 늘 듣던 엄마의 목소리입니다. 아기는 태어나면서부터 여러 가지 자극을 받지만, 그 중에서 엄마의 목소리는 가장 편안하게 아기를 자극해주는 중요한 수단이 됩니다. 언제나 다정한 목소리로 마음을 담아 아기에게 말을 걸어주세요. 아기는 말을 이해하지 못하지만, 엄마 목소리의 억양으로 감정을 알아차립니다. 마음이 편안한 상태일수록 많은 것을 배울 수 있으므로 부드러운 목소리로 말을 걸어주는 것이 좋습니다. 장난감 소리, 자연의 소리, 때로는 편안한 음악 소리를 계속 들려주세요. 엄마의 다정한 목소리와 함께 들려주면 더욱 효과가 있습니다.

다음에는 촉각·체감에 신경을 씁니다. 촉각·체감이 발달해 몸의 감각이 예민한 아기는 몸을 움직이기 좋아하고, 운동신경이 뛰어납니다.
청각의 경우도 그렇지만, 아기는 임신 중 엄마 배 속의 작고 안정된 공간의 그 기분 좋은 느낌을 잘 알고 있습니다. 그래서 이불 위에 눕혀두기보다는 다정하게 안아줘서 엄마의 따뜻함을 느끼게 해줄 때 더 안심하고, 밀착되는 느낌도 좋아합니다. 아기의 촉각이 발달하도록 다음과 같이 해줍니다.

- 스킨십을 충분히 한다.
- 밀착한 상태로 끌어안는다.
- 쓰다듬거나 어루만져서 아기의 피부를 기분 좋게 자극해준다.
- 아기 체조로 몸을 움직이는 좋은 기분을 느끼게 한다.
- 차가움과 따뜻함을 체감하게 한다.

피부에 기분 좋은 자극을 주는 것은 근육 발달을 촉진하는 효과가 있습니다. 아기에게 마사지를 해주는 등 피부와 피부가 맞닿는 기분 좋은 자극을 주세요. 또 손가락을 움직여주거나, 손을 쥐거나, 발을 잡고 다리를 엇갈리게 하는 등의 아기 체조는 운동 기능을 향상시킵니다. 차가움과 따뜻함을 몸으로 느끼게 해주는 것도 신체 기능을 발달시킵니다. 젖을 먹을 때, 잘 때, 목욕할 때, 편히 쉴 때에는 적당한 온도를 유지하고, 일어나서 활동할 때에는 바깥 공기를 쐬게 해서 온도 차이를 느끼게 해주세요.

아기가 눈을 떠 앞을 보게 되면 시각 정보가 급격히 늘어나면서 검정과 하양, 빨강 같은 선명한 색깔부터 알게 되고, 움직이는 것에 흥미를 보이게 됩니다. 다음과 같은 방법으로 시각을 체험하게 해주세요.

- 검정과 하양, 빨강 같은 선명한 색의 장난감과 그림책을 보여준다.
- 천천히 상하좌우로 눈을 움직이게 흥미를 끈다.
- 밝음과 어두움으로, 활동 시간과 휴식 시간을 이해하게 한다.
- 햇빛을 느끼게 한다.
- 산책을 해서 자연을 느끼게 한다.

색이 선명한 장난감을 보여주고 나서 상하좌우로 천천히 움직이면 아기의 시각을 자극할 수 있습니다. 그럴 때 다정하게 말을 걸어주면 더욱 효과적이겠죠. 아기는 색깔보다 먼저 **명암을 인식**하므로 아침에 일어나면 밝은 곳으로 데려가고, 잠들 때에는 주위를 어둡게 해서 생활 리듬을 익히게 합니다. 또 자연에는 아름다운 것, 웅장한 것, 신비한 것 등 감각에 와 닿는 자극이 많이 있습니다. 다정하게 말을 걸면서 함께 산책하면, 감성이 풍부한 아이로 자랍니다.

다음에는 후각이 발달합니다. 아기는 엄마 냄새, 모유나 우유 냄새, 비누 냄새 등을 안락한 상태와 연관 지어 인식합니다. 좋은 향기와 자연의 내음을 느끼게 해주세요.

미각도 마찬가지입니다. 아기가 자연적인 맛으로 미각을 익히면, 자라서 건강한 식습관을 갖게 됩니다. 되도록 재료 자체의 맛이 살아 있는 음식을 많이 맛보게 해주세요.

오감을 자극해서 호기심을 기른다

한 살 무렵에 말을 많이 걸어주면 어휘력에 차이가 생긴다

남자아이는 어느 시기가 되면 짜증을 내면서 거칠어지기도 합니다. 자기 생각을 충분히 말로 전달하지 못하기 때문이죠. 인간관계를 좋아하는 여자아이와 달리 남자아이는 일단 혼자 해보는 특성이 강해서 언어 발달이 여자아이보다 조금 늦습니다. 자기 생각을 마음껏 표현하지 못해 괴롭기도 하겠죠.

아이가 짜증 내지 않도록 하기 위해서라도 이 무렵부터는 계속해서 말을 걸어주세요. 사람은 먼저 다른 사람들의 말을 수천수만 번 듣고 나서야 스스로 말을 하게 됩니다. 말을 많이 들으면 말을 빨리 시작합니다. 이처럼 언어 습관은 아기가 말을 하기 전부터 시작됩니다.

감성을 자극하면서 동시에 말을 많이 걸어주면, 느낀 것을 이해하고 다른 사람에게 전하는 능력이 생깁니다. 호기심이 왕성해지면, 그 호기심의 대상을 다른 사람에게도 알려주고 싶은 마음이 넘쳐서 더욱 관심을 보이고 탐구를 계속하려는 의욕이 생기기도 하죠.

언어 발달은 지능 발달과 연관이 있을 뿐 아니라, 사람 사이의 소통 능력과도 직결됩니다. 아이가 일곱 살까지 사용하는 단어의 수는 일반적으로 삼천 개 정도인데, 최근 아이들은 이천 개 정도밖에 되지 않는다고 합니다. 성인이 사용하는 단어 수는 어린 시절에 엄마가 얼마나 자주 말을 걸었느냐에 크게 좌우됩니다. 따라 특히 한 살 때에는 아기가 이해하지 못하는 것 같더라도 말을 자주 걸어주세요. 전혀 말을 못하는 시기에도 뇌에는 언어 경험이 축적되고 있습니다. 다음과 같이 자연에서 눈에 보이는 것들을 계속해서 이야기해주세요.

"예쁜 꽃이네."
"구름이 흘러가고 있구나."
"바람이 차가워."
"은행잎이 노랗게 변했네."
"개미가 무언가를 나르고 있구나."

말을 시작하는 시기에는 개인차가 있지만, 서너 살이 지나면 갑자기 놀랄 만큼 많은 단어를 쓰게 됩니다. 아이에게 말을 걸 때에는 형용사를 많이 사용하면 좋습니다. 형용사에는 다음과 같이 오감을 자극할 때 느끼는 감정 표현이 많기 때문입니다.

예쁘다, 밝다, 어둡다(시각)
시끄럽다, 소리가 크다, 소리가 작다, 소리가 듣기 좋다(청각)
부드럽다, 가볍다, 아프다, 뜨겁다(촉각)
맛있다, 달다, 짜다, 시다, 쓰다(미각)
좋은 향기, 나쁜 냄새, 썩은 냄새(후각)

첫돌 즈음에 아이는 궁금한 것을 손가락으로 가리키며 "아…."하고 소리를 내는데, 이는 사물을 인식하고 다른 사람에게 의사를 전달하는 소통 능력이 발달했다는 증거입니다. 또한 어른의 소매를 잡고, 궁금한 것이 있는 곳으로 끌고 가는 행동도 마찬가지입니다. 아이가 이런 행동을 하면 무엇을 전달하고 싶어 하는지 잘 지켜보고 말로 표현해주세요. 예를 들어 아기가 공을 가리키며 "저기…."라고 말하면 엄마는 "작은 공이 굴러가는 구나."라고 상황을 정확하게 말로 표현해주세요. 자동차를 가리키면서 "빵빵."이라고 말하면, "그래, 빨간색 자동차구나."라고 성인의 정확한 언어로 바꿔 표현해주세요.

엄마가 말을 걸어주는 만큼 말이 늘어요.

어릴 때부터 말을 많이 해준다

베이비 사인으로
아이가 행복해진다

두 살이 되기 전에 아기가 "엄마." "아빠." 등의 말을 하거나 동작을 할 수 있게 되면, 다른 사람에게 의사를 전달하고 싶은 욕구가 강해집니다. 의사가 전달되어 욕구가 충족되면, 그만큼 성취감도 생기죠.

하지만 앞서 말했듯이 남자아이는 언어 발달이 늦기 때문에 자기 생각을 전달하기가 아무래도 어렵습니다. 혼자서 이렇게 저렇게 표현해보다가 원하는 대로 되지 않아 짜증이 나면 곧바로 큰 소리를 지르거나 난폭해지면서 스트레스를 받곤 합니다. 두 살 즈음 이런 감정 표현을 보완하는 수단으로 효과가 있는 것이 바로 베이비 사인baby sign입니다.

이제 막 음식 맛을 알게 된 한 살배기 아기가 있습니다. 식욕이 왕성해서 배가 덜 채워지면 울고불고 난리를 피웁니다. 아기는 "더 먹고 싶어!"라는 뜻으로 울지만, 엄마는 그 의미를 모르니 식사 시간이 고통스럽습니다.

아기가 말을 할 수 있다면 음식을 더 먹고 싶을 때 "더 주세요."라고 말하겠죠. 막무가내로 울거나 투정을 부리지는 않을 것입니다. "더 주세요."라고 말하면 자기 욕구가 채워진다는 사실을 알고 있으니 울 필요가 없습니다. 하지만 아기는 "더 주세요."라고 말할 수 없기에 그 욕구를 알리려고 웁니다. 저는 이럴 때 베이비 사인을 사용하자고 제안합니다. 예를 들어 아기가 엄마에게 '더 먹고 싶다.'는 의사를 알리고 싶을 때 검지로 입가를 두드리는 손짓을 하도록 가르쳐서 그 신호를 통해 엄마와 의사를 소통하게 하는 방법입니다. 그렇게 엄마가 아기에게 여러 차례 시범을 보이면서 그 신호가 '더 먹고 싶다.'는 의사를 전달한다는 것을 아기가 알게 한 지 열흘 만에 아기는 비록 여전히 울기는 했지만 입가를 손가락으로 두드려 자신의 요구를 분명히 알렸습니다. 그럴 때 엄마가 "더 먹고 싶구나."라고 말해 그 신호의 의미를 더욱 분명히 이해하게 해주자, 아기는 3주 후에 더는 식탁에서 울지 않게 되었습니다. '더 먹고 싶다.'는 의사 전달의 신호를 완전히 이해한 거죠.

베이비 사인을 사용하는 아기는 다른 사람과 의사를 소통할 수 있기에 심리적으로 안정되는 경향을 보입니다. 남에게 무언가를 전달하고 싶은 욕구를 충족하는 것은 **남과 소통하는 기쁨**을 아는 것과 직결되어 있습니다.

남자아이는 이해받지 못하면 짜증 내요.

사랑의 토대는 두 살 무렵까지 형성된다
무조건 스킨십을 하라

달수가 늘어남에 따라 아기는 점점 여러 가지 대상에 흥미를 보이고, 호기심을 드러내기 시작합니다. 그래서 앞서 말했듯이 첫돌 무렵이면 특히 감성을 자극하고 호기심을 촉발해주는 것이 중요하지만, 또한 이 시기에 사랑의 토대가 확립된다는 점에도 주목해야 합니다.

남자아이는 여자아이보다 어리광이 심합니다. 그러니 스킨십을 많이 해주세요. 시기의 차이는 있지만 스킨십을 자주, 많이 해주면 틀림없이 아이가 자립하는 순간이 옵니다. 남자아이는 엄마에게서 충분히 사랑받지 못하면 단 1초도 성장하지 못합니다.

두 살 전후의 아기는 엄마나 자신을 돌봐주는 사람에게 강한 애착을 느끼게 됩니다. 그리고 엄마와의 사랑과 유대를 토대로 자신에 대한 신뢰감을 확보하고, 이를 바탕으로 주위 사람들과 관계를 맺을 수 있게 됩니다. 이 시기에 아기가 사랑을 듬뿍 받으면, 성장해서도 균형 잡힌 인간관계를 쌓아갈 수 있다고 합니다. 아기와 긴밀한 유대를 형성하기 위해 엄마가 기억해야 할 것은 크게 두 가지입니다.

- 아기와의 스킨십을 중요하게 여긴다.
- 아기와의 의사소통을 중요하게 여긴다.

스킨십은 몸의 감각을 통해 사랑을 전하는 행위입니다. 의사소통은 눈과 귀의 감각을 통해 마음을 전하는 활동이죠. 엄마가 아기의 오감을 자극하는 행동도 이처럼 '사랑을 전달하는' 역할을 합니다. 그러니 아기를 충분히 안아주고 업어주세요. 특히 젖을 물리거나, 함께 목욕하면서 몸과 몸이 서로 서로 닿을 때, 아기는 위안을 얻고 믿음의 기반을 형성합니다. 우유를 줄 때에도 모유를 수유하듯이 애정으로 품에 꼭 안아주세요. 그리고 아기에게 이렇게 말하세요.

- 언제나 옆에 있을게.
- 언제나 진심으로 네가 잘 크기를 바라고 있어.
- 언제나 너를 지켜줄 거야.

물론 아기가 우는 원인을 알 수 없을 때도 있겠지만, 직감에 따라 아기에게 말을 많이 하면서, 충분히 의사소통을 해주세요. 그렇게 해도 아기가 울음을 그치지 않을 수도 있겠죠. 하지만 엄마가 자신을 위해 무척 노력하고 있다는 것이 아기에게 전달된답니다.

두 살까지 충분한 사랑을 받은 아기는 자신이 살아 있다는 것만으로도 가치가 있다는 것을 알게 됩니다. 그러면 자기긍정감이 높아져서 자신감 있는 아이로 성장합니다. 만약 아이가 두 살을 넘겼다고 해도 늦지 않았습니다. 충분히 의사소통하고, 꼭 안아주면서 "네가 있어서 정말 기뻐!"라고 말해주세요.

그리고 매일 7초 동안 꼭 안아주세요. 7초가 지나면 체내에서 '애정호르몬'이라고 불리는 옥시토신이 분비된다고 합니다.

스킨십이 아이의 자신감을 길러줘요.

제2장
두 살에는
의욕을 길러라

스스로 무언가를 해낸 체험이
남자아이의 '의욕'을 높인다

여러 가지 대상에 흥미를 보이며 차근차근 한 걸음씩 앞으로 나아가는 여자아이와 달리 남자아이는 무언가에 집중했다가도 금세 흥미를 잃고 맙니다. 이것은 남자아이의 특성입니다. 그런 남자아이에게 의욕을 불러일으키는 것은 자기 힘으로 해냈다며 성취감을 느끼게 하는 체험입니다. 스스로 무언가를 해내는 작은 체험을 자주 하게 하는 것, 그것이 의욕 넘치는 남자아이로 자라게 하는 비결입니다.

아이는 배우고 싶어 하는 욕구로 가득 차 있습니다. 그 배움의 욕구를 충족해주는 것이 스스로 해내는 체험입니다. 바로 '성취의 기쁨'이죠. 남자아이는 무언가를 스스로 해냈을 때 느끼는 기쁨을 가장 좋아합니다. 따라서 아이가 이룩한 작은 성장들을 유심히 살펴보고, 칭찬하고 인정해주면 됩니다.

- 기어서 움직일 수 있다.
- 혼자서 설 수 있다.
- 걸을 수 있다.
- 앉을 수 있다.
- 장난감 쌓기나무 두 개를 쌓을 수 있다.
- 공을 던질 수 있다.
- 장난감 두 개를 동시에 잡을 수 있다.
- "주세요."라고 말할 수 있다.
- "안녕."이라고 말할 수 있다.
- 손뼉을 칠 수 있다.

아기가 이런 작은 성공을 거두었을 때 "해냈구나!" 하고 웃는 얼굴로 인정해주세요. 어른이 보기에는 하찮은 행동이지만, 아이로서는 지혜와 신체를 남김없이 가동해야 간신히 얻을 수 있는 큰 성과이기 때문입니다. 이런 작은 성취가 쌓여서 어른이 되었을 때 필요한 행동력의 기반을 이루게 됩니다.

작은 성공도
칭찬해주세요.

남자아이에게 '안 돼!'라고
너무 자주 말하지 않는다

남자아이의 의욕은 두 살에서 세 살쯤에 생겨납니다. 아기에게 다양한 체험을 하게 해줘야 하는 시기이지만, 아기가 위험한 물건에 손을 뻗는 일도 있어서 처음으로 부모 눈에서 눈물이 나기도 하죠. 그래서 자꾸 "안 돼!"라고 소리를 지르게 되고, 결국에는 큰 소리로 야단을 치게 됩니다. 부모의 그런 기분도 충분히 이해할 만하지만, 남자아이에게 그런 말은 좋지 않습니다.

최근 십 년 사이 보육원이나 유치원 교사와 상담하다 보면 "요즘 아이들은 의욕이 없어요.", "아무것도 하지 않으려고 해요."라는 말을 자주 듣습니다. 남자아이라면 시간만 있으면 밖에서 신나게 뛰어노는 모습이 떠오르는데, 의욕이 없다니 대체 왜 그런 걸까요?

이런 현상은 남자아이의 특성과 관계가 있습니다. 남자아이는 여자아이보다 쉽게 좌절합니다. 남의 지시를 받거나 어떤 행동이 금지되는 순간, 의욕이 사라지고 맙니다. 이런 상황이 두세 살부터 수년간 계속되면, 호기심이나 탐구심이 약한 아이가 되어버리죠. 엄마가 세심하게 아이를 관찰하는 것은 중요한 일이지만, 남자아이의 성장 과정에 방해가 되는 일은 피해야겠죠. 그래서 너무 자주 "안 돼!"라고 말하지는 않는지, 생각해보는 것이 중요합니다.

아이의 행동 하나하나에는 분명히 의미가 있어서, 어른이 보기에는 대수롭지 않은 행동도 모두 성장의 양식이 됩니다. 아이는 주위에 있는 모든 것이 무엇을 위해 존재하고, 어떤 기능을 하는지 실제로 체험하며 확인하고 있는 것입니다. "안 돼!"라는 말을 하고 싶어도 꾹 참고, 되도록 아이가 자기 뜻대로 하게 내버려두고, 마지막까지 지켜보고 나서 "해냈구나!" 하고 칭찬해주세요. 특히 다음과 같은 행동에는 큰 의미가 있습니다.

- 🗑 **두루마리 화장지를 풀어놓는다**: 형태를 통해 단절과 연속의 의미를 이해하는 중
- 🗑 **신문지를 찢는다**: 찢는 행동과 소리 나는 현상의 연관성을 청각을 통해 배우는 중
- 🗑 **컵의 물을 바닥에 엎어놓고 휘젓는다**: '물'이라는 물체의 성질을 손의 감각을 통해 탐구하는 중
- 🗑 **물웅덩이에 들어간다**: 물의 형상이 변했을 때, 물에 젖었을 때의 감각을 체험하는 중
- 🗑 **진흙에서 논다**: 물과 진흙이 섞이는 모습을 관찰하고 모래의 성질 변화를 실험하는 중

- **수도꼭지에서 나오는 물을 만진다**: 위에서 아래로 떨어지는 물의 변화를 관찰하고 중력의 효과를 실험하는 중
- **튜브에 들어 있는 마요네즈에 흥미를 보인다**: 액체와 고체의 상태 변화를 실험하는 중
- **벽의 틈새에 손가락을 쑤셔 넣는다**: 구멍 끝 보이지 않는 곳에 있는 것을 촉감을 통해 탐구하는 중
- **장지문에 구멍을 뚫는다**: '종이'라는 물질의 형상 변화를 손의 감각을 통해 실험하는 중
- **부엌의 그릇장 문을 계속 여닫는다**: 인공적인 움직임의 방향성을 탐구하는 중
- **콘센트 구멍에 손가락을 쑤셔 넣는다**: 보이지 않는 부분을 손가락의 촉감을 통해 탐구하는 중
- **무엇이든 입에 넣는다**: 본능적으로 안전성을 확인하고자 행동하는 중

아이가 흥미를 보일 때가 가장 좋은 배움의 기회라고 생각하세요. 흥미를 보인다는 것은 호기심을 느끼는 대상에 대해 학습하고 있다는 것을 의미합니다. 흥미도 없고, 배우지도 않는 아이가 되지 않게 하기 위해서라도 이 시기에는 되도록 "안 돼!"라고 말하지 않도록 조심하세요. 이 시기에 여러 가지 체험을 한 남자아이는 앞으로도 계속해서 다양한 능력이 발달합니다. 따라서 이 시기에 부모가 잘 참으면, 아이의 의욕이 높아집니다.

남자아이는
의욕을
잃기 쉬워요.

아이의 어떤 행동을 금지할 때에는
"안 돼!"가 아니라,
"위험해!", "아파!", "뜨거워!"라고 한다

이 시기에는 남자아이가 무엇을 하든 내버려두라고 했지만, "화장지 두루마리를 모두 풀어놓는 걸 내버려둘 순 없잖아요!", "콘센트 구멍에 손가락을 쑤셔 넣는 것은 위험하잖아요!", "장지문에 구멍을 뚫는 걸 내버려두면 온 집안이 구멍투성이가 돼요."라고 불평하는 엄마도 있을 겁니다. 그렇습니다. 그래서 다음의 두 가지를 실행해보도록 합니다.

1. 마음껏 하고 싶은 것을 할 수 있는 환경을 만들어준다.
2. 해서는 안 되는 것을 정하고, 그 이유를 분명하게 말해준다.

그럴 때에는 "안 돼!"라고 소리 지르지 말고, 안 되는 이유를 분명하게 말해주세요. "위험해!", "아파!", "뜨거워!"처럼 조금 강한 어조로, 냉정하게 아이의 눈을 보고 말하세요. 그리고 아이가 곧바로 다른 것에 흥미를 보이도록 유도하세요.

특히 부모가 지켜보는 가운데 위험하지 않은 정도로 아이가 직접 아픔이나 뜨거움을 느끼는 체험을 하게 해주면, 이것이 귀중한 교훈이 된다는 사실을 기억하세요. 예를 들어 못이나 화병을 만지지 못하게 하기보다는 조금 만져보고 아픈 것을 느끼게 하는 편이 훨씬 효과적입니다. 그런 체험을 한 아이는 스스로 판단해서 다시는 위험한 것을 만지지 않게 되겠죠. 이런 것이 바로 체험 학습입니다. "그것 봐, 따끔하지? 아팠니?"라고 말을 보태주면, 더욱 좋겠지요.

요즘에는 아이가 부엌에 들어오지 못하게 하거나, 계단에서 떨어지지 않게 하는 장치를 쉽게 구할 수 있습니다. 하지만 이상적인 것은 위험하더라도 모든 것을 스스로 체험하게 해야 호기심이 왕성하고 의욕이 넘치는 아이로 키우는 일입니다. 아이가 모든 것을 스스로 체험하게 하는 데에는 부모의 수고가 따르지만, 부모의 이런 노력은 반드시 결실을 보게 됩니다.

물웅덩이에 들어가 놀고 싶어 한다면, 더러워져도 괜찮은 바지를 입혀서라도 아이가 원하는 대로 하게 해주세요. 장지문에 구멍을 뚫고 싶어 한다면, 뚫고 싶은 만큼 뚫게 하고 그대로 두세요. 그렇게 구멍 난 장지문의 모양새가 신경 쓰인다면, 아이가 실컷 구멍을 뚫은 다음, 아예 문종이를 뜯어버리세요.

식탁에서도 아이가 음식을 흘려놓고 주무르며 논다면 이 시기에는 눈 딱 감고, 아이가 하고 싶은 대로 하게 내버려두면 어떨까요. "아까운 음식을 가지고 버릇없이 이게 무슨 짓이야!" 하고 화를 내봤자 아이는 아무것도 모르는 시기이기도 하니까요.

남자아이에게 '하는 방법'을 가르치지 않는다 먼저 아이가 스스로 하게 하고 어떻게 하는지를 관찰한다

남자아이는 자기가 하고 싶은 것을 자기 방식대로 하기를 좋아합니다. 무엇을 하든지 어른이 '하는 방법'을 미리 말해주면, 아이는 맥이 빠져서 시들해집니다. 아이가 무엇엔가 흥미를 보이기 시작하면, 아무 말도 하지 말고 그저 지켜보세요. 예를 들어 딸랑이는 대표적인 아기 장난감이지만, 이것을 아기에게 주면 의외로 소리를 나게 하며 놀지 않습니다. 오히려 입에 넣거나, 두드리거나, 던지며 놉니다. 아기가 '딸랑이는 소리를 나게 하며 노는 장난감'이라는 걸 알기까지는 꽤 오랜 시간이 걸리죠. 하지만 그것으로 충분합니다.

아이는 한 가지 행동에서 어른이 상상하는 것 이상으로 많은 것을 배웁니다. 그러니 아이에게 먼저 '하는 방법'을 가르쳐주지 말고, 스스로 무언가와 마주하게 하세요. 아이가 어떻게 반응하는지를 잘 관찰하면, 지금 아이가 무엇에 흥미를 느끼고 있는지, 어떤 기능이 발달하고 있는지를 알 수 있습니다.

저는 남자아이에게 '하는 방법'을 가르쳐주면 안 된다고 했지만, 물론 이 조언은 여자아이에게도 적용됩니다. 단지 여자아이는 천성적으로 남과 소통하는 능력이 발달해서 특별히 도와주지 않아도 어른이 하는 방법을 보고 잘 배웁니다. 하지만 앞서 말했듯이 남자아이는 무엇이든 스스로 하고 싶어 하는 특성이 있어서 이 시기에 스스로 해냈다는 성취감을 자주 느끼고 적극적으로 배우는 자세를 몸에 익히게 해서 여자아이와의 차이를 좁혀줄 필요가 있습니다. 그러지 않으면 남자아이는 어른이 되어서 여자아이보다 의사소통 능력도 떨어지고, 문제를 스스로 해결하는 능력도 부족하게 됩니다.

장난감을 어떻게 가지고 노는지 봐주세요.

몇 번을 말해도 듣지 않는다면
그것은 아이가 성장하고 있기 때문이다

　　남자아이가 부모 말을 듣지 않는 이유는 무언가 특별한 기능이 발달하는 시기에 있기 때문입니다. 그럴 때 부모는 혹시 아이에게 듣기 싫은 잔소리를 너무 많이 하지는 않는지, 아이를 교육하기에 시기가 너무 이른 것은 아닌지를 살펴보고 아이를 지원해주는 것이 좋습니다.

　　한 보육원 선생님이 제게 상담을 요청한 적이 있습니다. 자기가 돌보는 아이 중에서 유별나게 활동적이고, 잠시도 가만히 있지 않는 남자아이가 있었답니다. 아무리 주의를 줘도 소용없고, 자기 말을 듣고 있는지조차 알 수 없었다고 합니다. 그 선생님은 몹시 난처해했지만, 사실 이런 아이는 흔히 볼 수 있습니다. 그렇습니다. 이 아이는 선생님의 말을 듣고 있지 않았을 것입니다. 왜냐면 무언가 다른 것에 열중하고 집중하고 있었기 때문입니다.

특히 이 아이는 계속 돌아다니면서 몸의 균형을 잡고 동작을 조절하는 법을 배우고 있었습니다. 몸을 자유롭게 움직일 수 있으면 감정을 통제할 수 있게 되는 만큼, 아이는 아주 중요한 발달 단계에 있었던 것입니다. 다시 말해 가만히 앉아 있는 것을 배울 시기가 아니었던 거죠.

아이가 어른의 말을 듣지 못할 정도로 열중하고 있다면 이것은 분명히 성장과 관계가 있습니다. 이럴 때에는 어른이 아무리 잔소리를 해도 효과가 있기는커녕, 아이의 중요한 발달을 방해하는 꼴이 되어버립니다. 따라서 아이에게 하고 싶은 말을 간단히 하고, 적절한 시기를 기다렸다가 나중에 차근차근 이야기하는 것이 좋습니다. 예를 들어 아이가 부엌 싱크대에 물을 받아놓고 물놀이에 푹 빠져 있어 곤란한 엄마가 있다고 가정해봅시다. 싱크대도 쓸 수 없고, 수도 요금도 많이 나올 테니, 짜증도 나고 화도 나겠지요. 이럴 때에는 '얼마 동안이나 노는지, 한번 지켜보자.' 하고 아이를 관찰하세요. 대부분 기껏해야 10~20분이면 그만둡니다. 물놀이를 해도 된다고 허락받고 놀다가 욕구가 충족되면 곧바로 그만둔다는 거죠. 그리고 아이에게는 보름에서 두 달 간격으로 성장 주기가 오기 때문에 그때쯤이면 그동안 하던 놀이를 지겨워하고, 어른 말을 듣게 됩니다. 같은 놀이가 영원히 계속되는 것은 아니니 안심하세요.

게다가 아이는 다양한 현상을 이해하기 전에 일단 기억에 모두 축적해둡니다. 그래서 당장은 어른의 말을 듣지 않아도 때가 되면 '그때 엄마가 이런 말을 했지.' 하고 기억을 되살려 이해하게 됩니다. 예를 들어 배가 부른 아이는 음식을 가지고 짓궂은 장난을 합니다. 그럴 때 엄마가 "음식 가지고 장난하면 안 돼." 하고 말려보지만, 아이는 전혀 못 들은 척합니다. 엄마의 이야기가 귀에 들어오지 않고, 음식을 주무를 때 촉감을 경험하는 재미에 온통 빠져 있으니까요. 이럴 때 무조건 "안 돼!"라고만 말하지 말고 "여러 사람이 노력해서 소중하게 만든 음식을 가지고 함부로 장난치면 안 되는 거야." 하고 다정하면서도 분명하게 말해주세요. 그리고 그 후에는 아이가 같은 짓을 반복하지 못하게 식사가 끝나면 곧바로 식탁을 치우면 됩니다.

당시에 아이는 지적받은 내용을 잘 이해하지 못한 것처럼 보이지만, 몇 년 후 식탁에서 음식을 남긴 가족에게 갑자기 "음식은 여러 사람이 만든 소중한 거예요. 그런데 음식을 함부로 버리면 안 되잖아요."라고 말하기도 합니다. 이때는 교육의 적절한 기회이기도 하죠. 이처럼 아이는 어른의 말을 듣지 않는 것처럼 보이지만 빠짐없이 기억하고 있으니 무언가를 금지할 때에는 그 이유를 분명하게 말해주세요.

열중하고 있을 때에는 아무리 꾸중해도 귀에 들어오지 않아요.

아이가 만족할 때까지 놀게 해준다

걸음마는
늦어도 괜찮다

아이의 의욕은 두 살 때 운동량의 영향을 받습니다. 몸을 충분하게 움직이는 것은 지능과 정서의 발달에 큰 영향을 미칩니다. 따라서 어떻게든 아이가 몸을 움직이게 하는 것이 좋습니다.

남자아이는 어느 시기가 되면 산만해지고 폭력을 쓰거나 난폭해지기도 합니다. 왜냐면 생각을 말로 잘 전달할 수 없고, 감정을 통제하기도 어렵기 때문이죠. 사실 이런 감정 통제 기능은 운동 기능과 밀접하게 연관되어 있어서 특히 '기는 동작'을 할 때 단련되는 복부 근력이 발달하면 참을성도 생깁니다. 그래서 주로 손을 쓰는 운동보다는 유도나 씨름처럼 복부에 힘이 들어가는 운동을 하면 성격도 듬직하고 침착해지죠. 남자아이는 어릴 때 '기는 동작'을 많이 하게 해서 참을성 있는 아이로 키우세요.

더욱이 기는 동작은 팔의 힘을 강하게 합니다. 어느 보육원 원장은 저와 대화하던 중에 "요즘 아이들은 너무 잘 넘어진다."며 한숨을 쉬었습니다. 그렇습니다. 요즘 아이들은 넘어져도 좀처럼 손을 제대로 사용하지 못해서 얼굴에 상처가 나거나, 심하면 팔에 골절이 생기기도 합니다. 아이가 자주 넘어지는 까닭은 몸에 균형이 잡히지 않았기 때문이고, 얼굴에 상처가 나는 것은 팔의 힘이 약하기 때문입니다.

팔 힘이 약한 것은 기는 동작을 충분히 하지 않은 데 그 원인이 있다고 합니다. 기는 동작은 팔과 상체의 근력을 강하게 하는 효과가 있습니다. 상체 근력이 발달한 아이는 몸의 균형을 잘 유지해서, 설령 넘어지더라도 몸을 잘 가눠서 치명적인 사고를 피할 수 있습니다.

그러나 요즘에는 생활양식이 많이 바뀌어서 기는 동작을 충분히 훈련하지 않은 상태로 걸음마를 시작하는 아기가 많습니다. 엄마는 자기 아기가 남보다 이르게 걸음마를 시작하면 운동신경이 발달해서 그렇다며 좋아하지만, 걷기는 오히려 늦는 편이 좋습니다. 그러니 혹시 다른 엄마들이 "우리 아이는 첫돌도 되기 전에 걷기 시작했어요!"라고 자랑하듯 말해도 동요할 필요 없습니다. 무엇보다도 아이가 '기는 동작'을 충분히 하도록 신경 써야 합니다.

만약 아기가 기는 동작을 충분히 하지 못한 채 걷기 시작했다면, 기는 동작으로 장난감 자동차와 경주를 하게 하거나 아빠 등에 올라타고 떨어지지 않도록 매달리게 하는 등 팔과 상체를 강화하는 놀이를 충분히 하게 해주세요. 작은 실내용 정글짐 같은 것을 놓아주고 거기서 놀게 하면 상체가 튼튼해집니다.

넘어지거나 떨어지는 것도 아이에게는 소중한 체험입니다. 그리고 무엇보다도 자연 속에서 마음껏 뛰어놀게 해주는 것이 좋겠죠.

기는 동작은
몸과 마음을
튼튼하게 해줘요!

제3장

세 살에는
집중력을 길러라

남자아이는 자연으로 데려가면 집중력이 생긴다

모든 부모는 자기 아이가 똑똑하고, 학교생활에 잘 적응하기를 바랍니다. 그러려면 공부를 가르치기 전에 먼저 집중력을 길러줘야 합니다. 아이의 집중력은 세 살 무렵에 현저하게 발달합니다.

여기서 말하는 '똑똑한 아이'는 단순히 공부를 잘하는 아이가 아니라, 무엇에든 호기심을 느끼며 행동하고, 탐구하는 자세를 갖춘 아이를 말합니다. 집중력이 강한 아이는 공부에도 운동에도 다른 아이들과 큰 차이를 보이며 많은 것을 받아들이고, 튼튼하게 자랍니다.

이 시기에 엄마는 아이에게 어떻게든 집중력을 길러주고 싶지만, 사실 남자아이는 여자아이보다 집중력이 떨어집니다. 여자아이와 비교할 때 남자아이는 몸을 움직이기 좋아해서 한시도 가만히 있지 않고, 쉽게 싫증 내고, 끊임없이 새로운 것을 향해 시선을 돌립니다. 그래서 남자아이에게 집중력을 길러 주려면 어느 정도 고민이 필요합니다. 과연 어떻게 하는 것이 좋을까요.

이 문제에 대한 가장 훌륭한 답은 남자아이를 '되도록 자주 자연으로 데려가는 것'입니다. 집중력은 원래 사냥할 때처럼 목표물을 노리기 위해 몸에 익히는 능력이기 때문입니다. 원시시대 인간은 집중력이 없으면 사냥감을 잡지 못해서 살아남을 수 없었습니다. 따라서 원시인에게 집중력은 절체절명의 과제였죠. 한 가지 일에 오랫동안 몰두하는 여자아이와 달리 남자아이는 흥미의 대상이 끊임없이 바뀌지만, 자연에 있을 때에는 평소와 달라집니다. 자연 속에서 아이는 "뭐가 더 재미있을까?" 하며 온종일 싫증 내지 않고 이것저것 시도해보며 마음껏 뛰어놉니다. 그러면서 한동안 같은 것에 몰두해 계속하고 있을 때 아이는 체험하고, 생각하고, 탐구합니다. 이런 때야말로 집중력이 강화되는 순간입니다.

- 벌레 잡기에 열중한다.
- 시냇물에 나뭇잎을 띄운다.
- 나무에 기어오른다.
- 가파른 경사를 내려온다.
- 언덕에서 구른다.

그러나 바쁜 현대 생활에서 부모가 아이를 언제나 자연으로 데려갈 수는 없겠지요. 그러니 집 안에서 방법을 찾아야 합니다. 부모가 신경을 쓰면 집에서도 얼마든지 남자아이의 집중력을 길러줄 수 있습니다.

먼저, 아이에게 집중력의 토대가 마련되어 있는지를 살펴봅니다. 그것은 아이의 평소 행동을 지켜보면 금세 알 수 있습니다. 예를 들어 아이에게 장난감 쌓기나무를 줘봅니다. 한 살배기 아이는 쌓기나무를 던지거나, 두드리거나, 휘두르거나, 입에 넣으며 놀지만, 두 살쯤 되면 쌓기나무들을 겹쳐 쌓으며 놉니다. 다시 말해 본래 쌓기나무의 놀이방법대로 쌓았다가 무너뜨리기를 반복하거나 높이 쌓아올리며 놉니다. 그리고 세 살이 넘으면 쌓기나무들을 색에 따라 나누고, 성이나 집을 만드는 등 '조형'도 하게 됩니다. 바로 이때가 아이의 집중력을 길러줘야 할 시기입니다.

집중력을 기르는 시기는 단순히 경험을 반복하는 수준에서 한 걸음 더 나아가 지혜를 모으고 지금까지 했던 경험을 정리하기 시작하는 시기입니다. 이 시기에 부모는 아이를 제대로 지원해줘야 합니다.

"성을 만들었구나."
"좀 더 큰 성을 만들어볼까?"
"이번에는 둥근 성으로 해볼까?"

이렇게 발상의 폭을 넓히도록 도와주면, 골똘히 생각하고 열중하는 자세, 바로 집중력이 길러집니다.

아이의 집중력은 '즐겁다', '해냈다', '알아냈다'는 세 단계를 반복함으로써 생기고 자랍니다. 부모는 이것을 지원해주면 됩니다.

아이가 스스로 생각하고 집중하는 자세를 보이면, 간섭하지 말고 혼자 하게 해주세요. '집중'이란 자기 혼자 몰두하는 자세입니다. 부모는 단지 아이가 한 가지에 오랫동안 몰두할 수 있는 환경을 만들어주면 됩니다.

혼자 놀 때는 집중하고 있는 시간이다
그대로 내버려둔다

아이는 이럴 때 집중력을 발휘하고 있습니다.

- 몇 번이고 같은 것을 반복하고 있을 때
- 혼자만의 세계에 빠져 있을 때
- 말이 없을 때

늘 시끄럽던 아이가 웬일로 조용하다 싶어 가만히 보니, 혼자서 무언가에 매달려 열중하고 있던 적이 있었죠? 컵에 물을 넘치도록 따라서 마루를 물바다로 만들어 놓거나, 잼 병의 뚜껑을 열고 심각한 얼굴로 핥아먹고 있거나, 두루마리 화장지 한 통을 모두 풀어 마루를 난장판으로 만들어놓는 등 무언가 엄마한테 혼날 일을 하고 있어서 그렇게 조용했던 거죠. 하하. 무척 집중하고 있어서, 갑자기 말을 걸면 깜짝 놀라기도 합니다. 이때 아이는 집중하면서 두뇌를 100% 사용하고 있습니다.

누군가에게 폐를 끼치거나 위험한 행동을 한다면 그만두게 해야겠지만, 별문제 없을 때에는 그대로 내버려두세요. 집중력을 키우는 놀이 교재로는 다음과 같은 것이 있습니다.

- 다양한 모양을 만들 수 있는 도형 퍼즐
- 몇 번이고 무너뜨렸다가 다시 쌓을 수 있는 블록
- 구멍에 끈을 꿰거나, 단추를 채우거나, 얽힌 것을 푸는 등 손끝을 사용해야 하는 사물
- 병처럼 입구가 작은 용기에 작은 공 같은 것을 넣었다가 꺼내게 만든 장난감
- 숟가락이나 젓가락으로 집어서 이리저리 옮기며 노는 콩알 같은 작은 구슬

자극적인 놀이뿐 아니라 가만히 생각하며 놀 수 있는 소재의 선택을 늘려주면, 어떤 일에도 집중할 수 있는 아이가 됩니다.

남자아이에게 '가르쳐주세요', '도와주세요'라는 말을 가르친다

남자아이는 여자아이보다 언어발달이 늦다고 합니다. 말을 잘할 수 있게 부추겨주면, 심리적으로 안정되고 집중력을 발휘하기 시작합니다.

언어 발달이 빠른 아이는 집중력이 높은 경향이 있습니다. 언어는 말하는 기능과 집중하는 기능에 모두 관여하기 때문입니다. 집중력을 기르려면 찬찬히 대상에 몰두하고 생각하는 과정이 필요합니다. 지금까지 무턱대고 체험하던 것에 대해 이제는 깊이 생각하고, 거기서 한 단계 위의 것을 실현하고 싶어지기 때문에 무언가를 시도했다가 실패하기도 합니다. 이럴때 언어 발달이 빠른 아이는 다른 사람들에게 어렵잖게 도움을 요청할 수 있습니다.

"가르쳐주세요."
"도와주세요."
"같이 해주세요."

같은 감정이라도 잘 표현할 수 있으면, 주위의 도움도 받기 쉬워집니다.
하지만 어휘력이 떨어지면 감정을 제대로 표현할 수 없죠.

"싫어."
"안 되잖아."

자기가 느끼는 어려움을 이런 말로 표현하면 도움도 받지 못하고, 고통
을 호소하지 못해 욕구불만이 짜증으로 변합니다. 이런 아이에게는 다음
두 가지 방법으로 대처합니다.

- 감정을 표현하는 말을 가르친다.
- 문제 해결을 위한 말을 가르친다.

감정을 표현하는 말은 다음과 같이 형용사를 사용합니다. 많이 가르칠
수록 효과도 크겠죠.

"슬퍼요."
"섭섭해요."
"잘못해서 속상해요."
"기뻐요."

그리고 문제를 해결하기 위한 말은 아래와 같습니다.

"도와주세요."
"가르쳐주세요."
"대신 해주세요."
"같이 해주세요."

이런 말을 배우면 아이의 스트레스가 줄어듭니다.

곤란할 때
어떻게 말해야 하는지
가르쳐주세요.

남자아이는 자기가 흥미를 느끼는 것에만
집중한다

여자아이는 비교적 여러 가지 일과 사물에 폭넓게 흥미를 보이고 주변에서 무언가를 권하면 거기에 집중력을 발휘하지만, 남자아이는 다른 사람이 제안하는 것에는 흥미를 보이지도, 집중하지도 않습니다. 왜냐면 남자아이는 자기가 흥미를 느끼는 것에만 집중하기 때문입니다.

저는 상담 중에 "우리 아이는 도무지 집중할 줄을 몰라요."라고 푸념하는 엄마들을 자주 봅니다만, 아이는 흥미가 있어야 의욕도 생기고 집중하기 때문에 무리해서 무언가를 시키면 절대로 집중하지 않습니다. 아기가 말을 기억하는 이유는 엄마와 소통하고 싶은 욕구가 있기 때문이고, 아기가 걷기 시작하는 이유는 관심 있는 것에 다가가 직접 만져보고 싶기 때문입니다. 모든 것은 호기심에서 시작되어 행동으로 이어집니다.

그리고 집중력은 무언가를 이루려는 본능에서 나옵니다. 동물은 사냥감을 잡을 때 숨을 죽이고 노려보다가 단번에 공격합니다. 그 긴장된 상황이 바로 '집중'으로, 그것은 사냥감을 잡기 위한, 결국 생존하기 위한 본능적인 능력입니다. 이런 집중력은 아이의 성장에 큰 힘이 됩니다.

미국 매사추세츠 주에 '세계에서 가장 이상적인 학교'라고 불리는 교육기관이 있습니다. '서드베리 밸리 스쿨Sudbury Valley School'로 1968년 매사추세츠 주 프래밍엄에 설립된 사립학교입니다. 이 학교에는 다섯 살부터 스무 살까지의 아이들이 다니고 있습니다. 이 학교에서는 유년기 아이들에게 자신감과 책임감을 부여함으로써 자신이 무엇을 하고 싶은지, 왜 그것을 하고 싶은지, 어떻게 그것을 이룰 것인지를 스스로 깨닫고 배울 수 있다고 판단해서 학생이 자기 시간을 어떻게 사용할 것인지를 자유롭게 결정할 수 있게 해줍니다. 그 결과, 학생은 대부분 희망하는 대학에 입학하고, 그중 80%는 대학 졸업 후에 다른 학교에서 공부를 계속하고 있습니다. 학생 대다수가 자기 인생이 행복하다고 느끼며, 다른 사람에게 도움이 되고 싶다고 말한다고 합니다. 주체적으로 배우는 자세를 기르는 것이 사회적 성장과 관련이 있다는 것이죠.

서드베리 밸리의 아이들은 일본 초등학생이 6년 동안 배우는 산수를 단지 20시간 만에 습득한다고 합니다. 그러나 저는 이것이 그리 놀랄만한 일이 아닌 것 같아서 전문가에게 물어보니, 초등학생 수준의 산수는 20시간이면 충분히 익힐 수 있다고 합니다.

그렇다면 왜 일본의 아이들은 6년이나 걸리는 것일까요. 전문가들은 지식을 습득하는 데 걸리는 시간과 습득하는 지식의 양을 학생의 '의욕'과 관계없이 결정하기 때문이라고 합니다. 그러고 보면 스스로 배우는 자세가 집중력을 높이는 데 얼마나 중요한지를 알 수 있습니다.

흥미 있는 것을 마음껏 하게 해주세요.

남자아이는 운동을 하면
집중력이 생기고 마음이 강해진다

집중력은 운동과 밀접한 관계가 있습니다. 몸을 자유롭게 통제하는 기능은 참을성과 노력에 좌우되기 때문입니다. 남자아이는 변덕쟁이입니다. 갑자기 무엇엔가 열중하다가도 곧바로 싫증을 내고, 조금이라도 잘되지 않으면 짜증부터 부립니다. 남자아이가 관심사를 쉽게 내팽개치지 않도록 하려면 운동을 시키는 것이 좋습니다.

몸이 튼튼해지면 마음도 튼튼해집니다. 그리고 무엇보다도 집중력이 생깁니다. 그러니 꼼짝하지 않고 앉아서 공부하라고 채근하지 말고, 집중력이 부족한 아이에게는 운동을 하게 하세요. 여러 가지 운동 중에서도 달리거나 구르는 동작이 많고, 손과 발만이 아니라 몸통을 쓰는 운동이 좋습니다. 몸 전체를 통제하는 신경은 정서를 통제하는 신경과 관련이 있습니다. 아이가 무언가에 집중하지 못하는 것은 뇌에서 내리는 복잡한 명령을 행동으로 옮기는 시스템이 제대로 발달하지 않았기 때문입니다. 마음껏 몸을 움직여서, 예를 들어 물건을 던지거나 차거나 해서 사지를 잘 통제할 수 있게 되면 자연스럽게 집중력도 길러집니다.

실내에서도 되도록 집중력을 높이는 운동을 하게 하세요. 조금 넓은 곳에서는 '얼음땡!' 놀이를 해서 엄마가 "땡!" 하면 아이가 달리고, "얼음!" 하면 멈추게 합니다. 선을 그어놓고 "이 선까지 오면, 멈추는 거야." 하고 정지할 순간을 정하는 것도 효과가 있습니다.

사실, 이런 놀이에는 중요한 발달 요소가 들어 있습니다. 그것은 '멈추기'라는 행동입니다. 부모는 아이가 '기기'나 '걷기'를 시작하거나 잘할 때 기뻐하지만, '멈추기'도 아이에게 매우 중요한 행동입니다. 달리는 도중에 갑자기 멈춘다거나 되돌아오는 행동은 자기통제 신경 발달과 관련이 있습니다. 특히 쉽게 흥분하는 경향이 있는 남자아이에게는 마음을 가라앉히고 기분을 전환시키는 효과가 있습니다. 달리는 도중에 스스로 멈출 수 있다는 것은 자기통제 신경이 발달했다는 증거입니다. 그것은 집중력과 연관되어 참고, 노력하고, 감정을 억제하는 능력을 강화합니다.

갑자기 멈추는
연습을 하면, 침착한
아이가 돼요.

갑자기 멈추는 운동을 하게 해 침착한 아이가 되게 한다

제4장
네 살에는
자립심을 길러라

남자아이에게 중요한 자립심은
네 살 무렵에 자란다

　네 살은 자립심을 기르는 시기입니다. 다른 사람들과 타협하고 서로 돕기를 잘하는 여자아이는 사회성이 좋습니다. 남에게 도움을 요청하기도 잘하죠. 반면에 남자아이는 남의 말을 듣거나, 도움받기를 좋아하지 않는 경향이 있습니다. 그래서 남자아이는 스스로 목표를 세우고 문제를 해결하는 능력을 길러주지 않으면, 쉽게 사회생활을 포기하거나, 목표를 찾지 못하는 어른이 될 수도 있습니다. 아이가 자립하게 하려면 절대로 과보호해서도, 방임해서도 안 됩니다.

　자립한다는 것은 스스로 판단하고, 실천하고, 마지막까지 책임을 진다는 것을 뜻합니다. 네 살이 지나면 배우는 능력을 몸에 익혀서 다른 아이들과 어울리게 되죠. 그때까지 아이는 혼자 놀았기 때문에 이제 친구와 놀고 싶어집니다. 그 관계를 통해 노력하고, 참고, 서로 돕고, 끝까지 해내는 것을 배우기 시작합니다. 네 살에는 아이가 자립할 수 있도록 해야 한다는 것을 기억하세요.

아이가 "내가 할래요!"라고 하면,
되도록 하게 하자
이때가 결정적 시기다

자립심의 성장은 아이가 스스로 하겠다는 의욕에서 출발합니다. 아이가 "내가 할래요!"라고 말하면 계속 응원해주세요. 이 시기에 아이는 무엇에든 "내가 할래요!" 하고 나섭니다. 예를 들어 이런 식이죠.

- 우유를 자기가 컵에 따르고 싶어 한다.
- 쩔쩔매면서도 옷의 단추를 혼자 채우겠다고 고집한다.
- 부엌에서 엄마 흉내를 내면서 칼질을 하고 싶어 한다.
- 엄마가 청소할 때 자기도 빗자루를 들고 비질을 하겠다고 나선다.
- 엄마가 세탁물을 갤 때 자기도 하겠다고 고집한다.

그래도 아이가 "내가 할래요!" 하고 나서면 사실 어른에게는 성가실 때가 많습니다. 예를 들어 엄마가 바쁘게 저녁을 차리고 있는데, 칼질을 하겠다고 나서면 여간 골칫거리가 아닙니다. 시간은 없고, 혼자 해보라고 하자니 너무 위험하죠. 청소를 하고 있으면 빗자루를 들고 나서는데, 아이가 비질한 곳을 처음부터 다시 해야 하니, 시간 낭비라는 생각이 듭니다. 세탁물을 개고 있으면 자기도 해보겠다고 하는데, 엉망진창으로 만들어놓으면 엄마가 처음부터 다시 해야 하죠. 게다가 옷을 갈아입을 때 자기가 단추를 채우겠다고 고집을 부리지만, 제대로 되지 않으니 짜증을 냅니다. 그림을 그리고 싶어 하지만, 예쁘게 그려지지 않으니 징징거립니다. 종이접기를 시작하지만, 생각과 달리 엉뚱한 모양이 나오니 또 화를 냅니다.

이 모든 것이 부모에게는 성가신 일이란 것은 충분히 이해합니다. 하지만 이때 되도록 마음의 여유를 가지고 시간을 들여 아이가 하고 싶어 하는 것을 하게 해줘야 합니다. 엄마를 돕고 싶어 하는 것은 자신이 무엇엔가 쓸모 있는 존재가 되어 이바지하겠다는 욕구가 싹트는 현상이죠. 이때 아이가 자신에게 부여한 임무를 완수하면, 몇 년 후에는 자기 일을 스스로 알아서 하고, 어려움을 겪는 남을 도울 줄도 아는 기특한 아이가 됩니다. 그러나 이 시기를 잘못 보내면 자기 옷 단추를 남이 채워주기를 바라고 남의 불행을 아랑곳하지 않는 사람이 됩니다.

힘든 때도 있겠지만, 꾸준히 곁에서 지원해주면, 몇 년 후에 아이는 자기 일을 스스로 알아서 하게 되어 부모는 무척 편해집니다. 지금이 고비입니다. 아이가 엄마를 돕고 싶어 한다면 아이와 함께하고, 아이에게 "고마워!"라고 마음을 담은 목소리로 말해주세요. 그리고 아이가 망쳐놓은 일들은 아이가 보지 않을 때 몰래 다시 하세요. 그렇게 최소한의 지원을 계속해줘서 아이가 시작한 일을 스스로 끝낼 수 있게 도와주세요. 무언가를 해보고 싶다는 의욕이 생기면, 아이는 다른 사람을 돕는 일 말고도 종이 접기, 블록놀이 등 완성도를 추구하는 일에 흥미를 보이게 됩니다.

네 살은 의사소통 능력이 현저하게 발달하는 시기이며, 동시에 손 끝을 잘 쓰게 되는 시기이기도 합니다. 그리고 이런 욕구를 충족함으로 써, 다른 사람을 기쁘게 할 때 느끼는 기쁨과 시도한 것을 끝까지 계속해서 달성하는 성취감을 경험합니다.

이처럼 '해보고 싶다'는 욕구를 자주 실현하면 의욕이 넘치는 아이로 자라고, 이런 욕구의 실현을 금지당한 아이는 적극성이 부족해집니다. 아 이가 하고 싶어 하는 것을 하게 하세요. 아이가 할 수 없다는 것을 알고 있 더라도 하게 해야 합니다. 하고 싶어 하면, 도전하게 하세요. 그렇게 몇 차 례 도전을 반복하다 보면 결국 성공합니다.

"내가 할래요!"
하는 마음이 충족되면
자립하는 아이가
돼요.

남 탓하는 아이가 되지 않도록
책임감을 가르친다

아이가 네 살쯤 되었을 때 엄마가 반드시 기억해야 할 중요한 일이 있습니다. 그것은 바로 책임감을 가르치는 일입니다.

여자아이는 시도했던 일이 제대로 되지 않으면 주변에 곧잘 도움을 요청하고, 실패하거나 폐를 끼치면 "죄송합니다."라고 말해서 자신의 감정을 잘 전달합니다. 그러나 남자아이는 마지막 순간까지 혼자 하겠다고 고집을 부려서 실패하거나, 실패해도 실패를 인정하지 않습니다. 실패했을 때 그 실패를 다른 사람 탓으로 돌리거나, 그대로 포기하지 않는 아이가 되도록 남자아이에게는 책임감을 가르쳐줘야 합니다. 자립(스스로 한다)과 함께 책임을 가르쳐야 합니다.

예를 들어 이런 것을 가르쳐야 합니다.

- 장난감을 가지고 노는 것은 괜찮지만, 스스로 정리해야 한다.
- 옷을 더럽히는 것은 괜찮지만, 스스로 빨아야 한다.
- 컵에 있는 물을 쏟는 것은 괜찮지만, 스스로 닦아야 한다.

해보고 싶은 것을 스스로 하면, 아이는 그 행동이 주변 사람들에게 여러 형태로 영향을 미친다는 것을 알게 됩니다. 지금까지는 아기니까 모든 것을 엄마가 대신 해줬지만, 이제부터는 엄마가 아이에게 기대하는 것도 성격이 달라집니다. 그렇게 네 살쯤 되면 아이도 자기 행동에 책임을 져야 한다는 것을 배우게 됩니다. 따라서 성마르게 아이에게 화를 내지 말아야 합니다.

"또 방을 어질렀잖아!"
"또 옷을 더럽혔잖아!"
"또 물을 흘렸잖아!"

곧바로 아이에게 화를 내기보다는
심호흡을 하고 나서 냉정을 되찾고 이렇게 말합니다.

"장난감을 제자리에 가져다 놓아야지."
"자기가 더럽힌 옷은 자기가 빨아야 해."
"물을 흘렸으면 스스로 닦아야 해."

아이에게 자기가 한 일은 자기가 책임져야 한다는 것을 가르쳐주세요. 물론 처음에는 혼자서 잘하지 못하겠지만, 곁에서 도와주면서 자기 행동을 스스로 책임지는 경험을 하게 해주세요.

실패를 스스로
해결하게 하면
책임감이 생겨요.

어떻게 책임감을 가르칠까?

어느 날 네 살배기 남자아이의 엄마가 제게 상담을 신청했습니다. 사연을 들어보니 아이가 물웅덩이만 보면 곧장 뛰어들어 첨벙거리고 논다는 것이었습니다. 옷을 버리니까 그만하라고 하다가도 엄마는 아이가 '재미있어 보여서' 그대로 놀게 두곤 했답니다. 하지만 이렇게 비가 올 때마다 더러워진 신발과 바지를 빠는 일은 몹시 힘든 일이죠. 게다가 흙탕물에 젖어버린 신발과 바지의 얼룩은 쉽게 빠지지도 않으니까요. 아이의 철없는 행동으로 엄마 일만 늘어난 것입니다.

앞서 여러 차례 언급했지만, 아이의 모든 행동에는 의미가 있습니다. 아이가 물웅덩이에서 노는 것도 물에 들어갔을 때 느끼는 발의 감촉, 첨벙첨벙 발을 구를 때 튀는 물의 모양, 흙과 물이 섞인 형태 등을 마치 과학 실험을 하듯 체험하고 학습하겠다는 배움의 욕구에서 비롯된 것입니다. 아이가 이렇게 흥미를 보일 때에는 망설이지 말고 원하는 대로 하게 해주고 싶어질 법합니다.

그러나 대부분 엄마는 아이가 물웅덩이에 들어가지 못하게 합니다. 신발과 옷과 몸을 더럽히는 것이 싫기 때문이죠. 결국, 부모의 사정과 아이의 학습 욕구가 상충하는 것입니다. 아이가 어릴수록 엄마도 집안일로 몹시 시달리기 때문에 일이 늘어나는 것을 좋아하지 않습니다.

다만, 지금까지는 모든 뒤처리가 전적으로 엄마 몫이었지만, 그것을 아이가 스스로 처리할 수 있다면 어떨까요? 네 살이 되면 많은 것을 이해할 수 있게 되어 자립심도 생기고 있으니, 자기 행동에 책임을 져야 한다는 것을 가르쳐줄 수 있습니다.

저는 그 엄마에게 아이가 물웅덩이에서 마음껏 놀게 해주라고 말했습니다. 단, 아이가 옷과 신발을 더럽히는 것이 싫다면 아이에게 "옷과 신발이 더러워지면 네가 빨아야 해."라고 의사를 분명히 전달하라고 했습니다. 이럴 때 "옷과 신발을 더럽히지 마!"라고 말하는 것은 좋지 않습니다. 어디까지나, 자기 행동을 스스로 책임지게 하는 것이 목적이므로, 오히려 아이가 옷과 신발을 더럽혀서 직접 빨래를 해봐야 빨래하는 사람의 수고를 알 수 있고, 이런 체험을 하고 나면 스스로 판단해 앞으로 옷과 신발을 더럽히지 않게 되기 때문입니다.

얼마 뒤에 그 엄마는 아이가 물웅덩이에 들어가려고 할 때 "물웅덩이에 들어가면 신발이 더러워지니까, 다 놀고 나서 신발은 네가 빨아야 해." 라고 말했다고 합니다. 그리고 그날 저녁 아이는 엄마와 함께 신발을 빨았죠. 아이에게는 신발을 빠는 것도 재미있는 일입니다. 그리고 그런 경험을 반복하다 보니 아이는 물웅덩이에 들어가기 전에 "엄마, 신발은 내가 빨게요." 하고 말하게 되었다고 하더군요.

물론 아이가 빨래를 제대로 할 리 없고, 엄마가 고생하기는 마찬가지입니다. 하지만 신발을 더럽히면 자기가 빨아야 한다는 것을 기억하는 그 남자아이는 "오늘은 신발을 빨고 싶지 않으니 물웅덩이에 들어가지 말아야지." 하고 자신을 통제하거나, 자기가 알아서 장화를 신게 되었다고 합니다. 스스로 생각해서, 물웅덩이에 들어가지 말아야겠다고 하거나, 물웅덩이에 들어가더라도 빨래를 하지 않는 방법을 궁리하게 된 것이죠.

이처럼 자기 행동에 책임을 지도록 가르치면, 아이 키우기가 놀랄 만큼 수월해집니다. 왜냐면 아이가 하고 싶어 하는 것을 모두 허락해줄 수 있게 되고, 부모가 뒤처리를 하지 않아도 되기 때문이죠. 그러면 아이의 요구를 가볍게 들어주게 되고, 화내는 일도 줄어듭니다. 아이가 스스로 자기 일을 하게 되었기 때문입니다.

책임지는 방법을
가르쳐주면, 아이 키우기가
수월해집니다.

남자아이의 싸움을 말린 적이 있다면
타협하는 능력을 길러주자

네 살 정도 되면, 아이는 친구들과 관계를 맺게 됩니다. 남자아이는 친구와 즐겁게 놀지만, 곧잘 싸우기도 합니다. 때로 치고받고 싸우기도 하죠. 남자아이는 여자아이와 달리 자신의 생각을 말로 잘 전달하지 못해 짜증을 온몸으로 발산하기 때문입니다.

아이들이 싸울 때 처음에는 어른이 중재해서 해결해야 하지만, 점차 아이가 스스로 생각하고 해결하게 해야 합니다. 그렇게 '타협하는 능력'을 기르면, 나중에 성인이 되어 사회생활을 할 때 모든 문제를 스스로 헤쳐 나가는 힘을 발휘하게 됩니다. 예를 들어 형제간의 싸움에 대해 생각해봅시다. 우리 집에도 형제간의 다툼이 끊이지 않습니다. 어제도 텔레비전 채널 선택권을 두고 둘이 싸웠습니다.

"내가 먼저 볼 거야!"

"나는 다른 거 보고 싶단 말이야!"

"내가 먼저 본다니까!"

"나도 보고 싶다고!"

"엄마!"

동생이 제가 있는 곳으로 왔습니다. 물론 제가 해결해주기를 바라는 거죠.

"그렇구나, 둘이 서로 보고 싶은 것이 다르구나. 어떻게 할까?"

"그럼, 가위바위보로 정해요!"

네 살짜리 동생이 말했습니다. 그럭저럭 정당한 의견이네요.

"가위바위보 말고, 서로 상의해서 정했으면 좋겠는데."

"하지만 유치원 선생님도 항상 가위바위보로 정하라고 하신단 말이에요."

가위바위보가 나쁜 것은 아닙니다. 하지만 나중에 이 아이들이 살아갈 사회에서 가위바위보로 해결할 수 있는 문제가 얼마나 되겠습니까? 경쟁은 아이에게 인간관계와 교섭을 배우는 최고의 장입니다. 모처럼 '옥신각신'하는 경우여서 저는 이때부터 아이들에게 문제 해결의 다양한 방법을 가르쳐주고 싶었습니다. 일단 대화를 통해 문제를 해결하기로 셋이 합의를 봤습니다. 그렇지만 둘은 여전히 서로 원하는 방송을 먼저 보겠다고 다퉜습니다.

"내가 먼저 볼 거야."
"내가 먼저 볼 거야."

그러는 사이에 방송을 시청할 수 있는 시간도 줄어들고 있었습니다. 계속 싸우면 시간은 더 부족해지겠죠.

- 가위바위보로 정한다: 동생이 져서 투정을 부린다.
- 오늘 보지 않은 사람은 내일 볼 수 있다: 양쪽 모두 자기가 오늘 보겠다며 양보하지 않는다.
- 각자 10분씩 본다: 양쪽 모두 받아들일 수 없다.

몇 가지 조건이 나왔지만 대화가 길어졌습니다. 시간 제한이 가까워집니다. 이대로라면 둘 다 원하는 방송을 보지 못한 채 끝나버리게 됩니다. 이때 형이 획기적인 제안을 했습니다.

"오늘 참고 방송을 보지 못한 사람은 내일과 모레, 이틀간 자기가 원하는 방송을 보는 건 어때?"

동생은 내일과 모레 채널을 양보하더라도 오늘 자기가 원하는 방송을 볼 수 있다는 선택과 오늘 참으면 이틀간 연속으로 자기가 원하는 방송을 볼 수 있다는 선택 사이에서 어느 쪽이 더 나은지 판단이 서지 않는 듯했지만, 형이 "오늘은 내가 참을게."라고 말하자, "그럼, 오늘은 내가 봐도 되는 거야?" 하고 기뻐했습니다. 여기서 분쟁은 해결되었습니다. 그날은 동생이 원하는 방송을 보고, 다음 날과 그다음 날은 형이 마음대로 채널을 선택하기로 합의가 이루어진 거죠. 동생은 겨우 남아 있는 5분 동안 텔레비전을 보고 잤습니다. 이 선택은 동생에게 더 불리한 조건이었는지도 모르지만, '오늘 바로 보고 싶다.'는 동생의 바람이 충족되었기에 타협이 성립되었다고 할 수 있습니다.

형제간에 싸움이 벌어지면 저는 형에게 이렇게 말하고 싶어집니다.

"동생에게 양보해."
"네가 좀 참아."

그러나 타협이 이루어지려면 싸움이 벌어졌을 때 양쪽이 모두 만족하는 제3의 조건을 생각해내야 합니다. 가위바위보로 정한다면 이긴 쪽은 만족하겠지만, 진 쪽은 불만을 참아야 합니다. 더욱이 '형이니까 참으라.'는 식으로 말하면 형은 늘 참기만 해야 하는 처지가 되어버립니다. 이것은 좋은 해결책이라고 할 수 없죠.

문제를 해결하는 능력이 생기면, 싸움은 줄어듭니다. 아이가 매일 싸움을 반복하고 있다면, 문제 해결의 기회를 주도록 하세요.

싸울 때에는 양쪽이
모두 인정하는 해결책을
찾아내게 하세요.

반복해서 다시 말해 주면
남자아이는 수월하게 자립심을 기를 수 있다

자립심이 생기는 이 시기가 되면 다른 사람들과 맺는 관계가 많아지는 만큼, 갈등도 늘어납니다. 상대방이 자신의 생각에 공감하고 있는지를 신경 쓰기 때문에 어른이 분명하게 의견을 말하는 것을 듣고 옳은지 그른지를 배우게 됩니다. 이를 위해서 다음과 같이 해주면 좋습니다.

- 아이의 말을 반복해준다.
- 상황에 따른 감정을 말로 표현해준다.
- 상대의 입장에서 말을 바꿔준다.

이 시기의 남자아이에게는 "내가 해 볼래!" 하는 욕구를 만족시켜줌으로써 자립심을 길러줄 수 있습니다. 그렇지만 무엇을 하더라도 어른이 방법을 모두 말해준다면, 아이는 스스로 생각하는 힘을 기를 수가 없겠죠. 아이가 무언가 문제에 부딪혀서 부모에게 도움을 요청할 때에는 아이의 말을 그대로 반복해줘서 행동을 '승인'해주거나, 감정을 말로 표현해줘서 '공감'해주면, 스스로 행동하는 힘을 기르는 데 도움이 됩니다.

어떤 남자아이가 네 살이 되자, 말이 늘어서 친구들과 말다툼도 잦아졌습니다. 그 아이는 다툼이 일어나면 꼭 선생님한테 가서 "친구가요…." 하고 고자질을 합니다. 이럴 때 선생님은 아이의 말을 그대로 '반복'하는 것이 좋습니다.

"선생님, ○○가 저를 때렸어요."
"○○가 때렸구나."
"여기가 정말 아파요."
"아, 여기가 아프구나."
"그래요."
"그래서?"

대화가 여기까지 이어지고, 두 사람은 얼굴을 마주 봅니다. 그리고 잠시 침묵이 흐릅니다. 아이가 보기에 어쩐지 선생님의 반응은 자기가 기대했던 반응과 영 다른 것 같습니다. 아이는 잠시 기다렸다가 선생님한테 다른 의견이 없다는 것을 확인하고는 멋쩍게 대답합니다.

"끝이에요."

그러고는 친구들에게 돌아갑니다.

이런 일이 하루에도 몇 번씩 일어납니다. 하지만 주고받는 대화의 내용이 조금씩 달라집니다.

"선생님, 친구가요⋯."
"응."
"끝이에요."

아이는 이쯤에서 개운한 얼굴로 돌아갑니다. 다시 말해 자신의 고충을 선생님이 들어주는 것만으로 만족하는 것이죠. 이제 아이가 선생님에게 고자질하러 오지 않는 것은 시간문제입니다.

때로 남자아이들의 싸움은 걱정스러울 정도로 격렬합니다. 어떻게 대응하면 좋을지 고민스럽죠. 더욱이 선생님한테 와서 고자질하고 엉엉 울어대면 선생님은 황급히 격전장으로 달려가서 두 아이를 세워두고 꾸중합니다.

"무슨 일이 있었는지 말해봐!"
"친구하고 싸우면 안 돼! 친하게 지내야지."

그러나 사회에 나오면 도와줄 선생님도 없습니다. 나이와 관계없이 싸움이 일어났을 때 이를 해결하는 올바른 방법을 배워야 합니다. 정말 문제가 커진 경우라면, 권위 있는 제삼자가 중재해야겠지만, 당사자끼리 해결해야 하는 작은 싸움도 많습니다.

아이가 싸움이 일어났다는 것을 알리러 선생님한테 오는 데에는 그 나름의 이유가 있습니다. 선생님이 도와주리라는 것을 알고 있기 때문이죠. 선생님은 이전에 아이에게 싸움을 걸었던 친구들을 혼내준 적이 있겠죠. 하지만 선생님이 언제까지나 아이의 싸움에서 어느 쪽을 계속 도와줄 수는 없는 노릇입니다. 아이가 스스로 해결하는 방법을 찾아내야 합니다. 그런 방법을 찾아낸 경험은 학교에서나 사회에서 인간관계 때문에 문제가 생겼을 때 이를 해결하는 데 큰 도움이 될 것입니다.

이런 갈등 상황을 벗어나는 데에는 승인과 공감이 도움이 됩니다. 아이에게 진정으로 필요한 것은 누가 옳고 누가 그르다는 판단이 아니라 누군가가 자신의 아픔을 알아주는 것입니다. 아픔을 알아주면, 그때까지 들끓던 아이의 분노는 순식간에 가라앉습니다. 앞서 소개한 것처럼 아이의 말을 반복하는 대화를 시도하면 아이는 '선생님에게 이야기하면 화가 풀린다.'는 긍정적인 효과를 자각하게 됩니다. 그리고 친구에게 이야기해도 같은 효과가 있다는 것을 깨닫게 되죠. 또한 사람을 상대로 삼지 않는 다른 방법으로 화를 풀 수 있다는 것도 알게 됩니다. 그렇게 아이는 감정을 스스로 통제할 수 있음을 깨닫고 이를 실천에 옮기게 되는 것입니다.

아이의 말을 그대로 반복함으로써
아이가 스스로 감정을 통제하는 법을 배우게 한다

남자아이를 잘못된 방법으로 꾸짖으면 의존심을 심어주게 된다

네 살이 된 아이는 사람들의 말을 이해하고 판단하는 능력이 생기기에 부모가 올바르게 꾸짖으면 전하는 내용을 정확하게 이해합니다. 하지만 부모가 자꾸 감정적으로 화를 내면 아이는 공포심이 생겨서 어른의 말에만 따르는 의존적인 아이가 되어버립니다.

여자아이는 엄마가 심하게 화를 내면 "엄마 정말 싫어!" 하고 반발이라도 하지만, 심한 말에 약한 남자아이는 반박도 하지 못하고 마음에 상처를 받습니다. 따라서 남자아이를 꾸짖을 때에는 주의해야 합니다. 무엇보다도 화를 내서는 안 됩니다. 화를 내는 것은 감정적인 문제이므로 아이는 마음을 다치고 심지어 반항과 도벽으로 빠질 위험도 있습니다. 하지만 꾸짖는 것은 아이를 인정하면서 아이의 어떤 특정한 행동을 개선하려는 의도적인 행동입니다. 화를 낼 때에는 아이의 존재까지 부정해버릴 수도 있으므로 주의가 필요합니다.

"넌 엄마 아들이 아니야."
"넌 정말 바보 같아."
"몇 번을 말해야 알아듣겠니?"

이런 말은 절대 하지 말아야 합니다. 엄마도 인간이므로 화가 날 때도 있겠지만, 이런 언어는 아이의 자기긍정감에 상처를 냅니다. 왜냐면 자기 존재 자체를 인정하지 않으려는 말처럼 들리기 때문입니다. 아이는 자신이 잘못을 저질렀다는 것은 알지만, 자신을 어떻게 개선해야 할지 몰라 당황하고, 상처받고, 갈피를 잡지 못합니다. 이럴 때 부모는 아이에게 어떤 특정한 행동을 개선하라고 명확하고 냉정하게 말해야 합니다.

"약속은 반드시 지키도록 해."
"남이 이야기할 때에는 성의 있게 들어야 해."
"집에 돌아오면 먼저 손부터 씻으렴."

이렇게 말하면 아이는 자신이 해야 할 행동을 분명히 이해합니다

아울러 화내는 행동과 꾸짖는 행동 사이에는 큰 차이가 있습니다. 화를 내는 사람은 부정적인 면과 과거를 보고 있다면, 꾸짖는 사람은 긍정적인

상처 주는 말은 그만두고, 어떻게 해야 하는지를 말하세요.

면과 미래를 바라보고 있습니다. 따라서 확실히 개선해야 할 점에 주목해서 아이가 올바르게 성장할 수 있게 충분히 꾸짖을 각오를 해야 합니다.

제5장
다섯 살에는
참을성을 길러라

아이가 제멋대로 행동하기 시작하는 시기다
아이에게 굴복하지 않겠다고 마음먹자

남자아이가 다섯 살쯤 되면 슬슬 자기 고집이 나옵니다. 앞서 말했듯이 남자아이는 말로 자기 생각을 잘 설명할 수 없을 때 그 불만을 몸으로 표출하거나, 고집스럽게 똑같은 행동을 반복합니다.

엄마라면 누구나 아이가 제멋대로 행동해서 곤란했던 경험이 있을 것입니다. 그러나 전혀 제멋대로 행동하지 않는 아이도 있습니다. 그런 아이 역시 온전히 자기 의지가 통제하는 대로 행동하지는 않을 텐데, 대체 무엇이 이런 차이를 만들어낼까요? 모든 아이에게는 비슷한 욕구가 있고, 욕구가 충족되지 않을 때도 있습니다만, 단지 아이가 자신의 불만을 어떻게 처리해야 하는지를 아느냐 모르느냐가 다를 뿐입니다.

얼마 전 제가 슈퍼마켓에서 목격했던 일입니다.

울고불고 소리를 지르는 아이 목소리가 들려 뒤를 돌아보니, 다섯 살쯤된 남자아이가 과자를 손에 들고 "사줘! 사줘!" 하면서 떼를 쓰고 있었습니다. 엄마는 조금 떨어진 곳에 서서 "엄마가 그 과자는 안 된다고 했지!" 하고 마치 아이를 그곳에 두고 가버리겠다는 듯한 태도로 악을 썼습니다. 네, 그렇습니다. 슈퍼마켓이나 장난감 가게에서 흔히 볼 수 있는 장면입니다. 아이는 사달라고 생떼를 쓰고, 엄마는 안 된다며 아이에게 소리를 지르고 있는 것입니다.

그러다가 잠시 후에 그 모자와 다시 마주쳤는데, 아이는 완전히 울음을 그친 상태였습니다. 아, 이제 싸움이 끝났나 보다 했는데, 아이는 손에 과자를 움켜쥐고 있었습니다. 결국, 엄마가 아이에게 져서 과자를 사주고 말았던 거죠. 아이는 과거의 경험을 바탕으로 성공 사례를 따른 것입니다. 과자를 사달라고 울고불고 떼를 쓰면 엄마가 과자를 사준다는 것을 경험적으로 알고 있는 것이죠. 아이의 행동은 경험을 통해 학습한 성공 법칙을 따릅니다. 이 다섯 살짜리 남자아이가 흐뭇한 기분으로 손에 과자를 쥐고 있는 모습을 보면, 다음과 같은 단계를 거쳤음을 알 수 있습니다.

1. 아이가 과자를 사달라고 조른다.
2. 엄마가 안 된다고 한다.
3. 엄마가 아무리 안 된다고 해도, 아이는 큰 소리로 계속 운다.
4. 엄마는 포기하고 "오늘만이야." 하며 과자를 사준다.
5. 아이는 울음을 그친다.

제멋대로 굴면 사준다는 것을, 아이는 알고 있습니다. 이대로 두면 이 아이는 참을성이 없는 사람이 됩니다. 다섯 살 정도면 말을 이해하기 때문에 '참는다는 것'이 어떤 것인지를 기억할 수 있습니다. 그러니 절대로 '아이의 울음에 지지 않겠다!'고 단단히 마음먹어야 합니다.

제멋대로 구는 것도
경험에서 나온 거예요.

기다리는 아이로 키우기 위한
'그래' 대화법

참을성 있는 아이로 키우겠다면, 먼저 '기다리는 태도'부터 가르쳐 주세요. 지금부터 아이가 하고 싶거나 갖고 싶어서 참지 못하는 것을 조금씩 기다리게 하는 훈련을 시작하세요. 그리고 아이가 기다릴 줄 알게 되면 시간을 조금씩 늘려갑니다.

어디서나 제멋대로 구는 아이, 자기 생각대로 되지 않으면 울어버리는 아이는 자신이 바라는 것이 언제 어떻게 이루어지든 상관없이 욕구불만 상태에 있습니다. 따라서 우선 "그래."라고 말해서 아이의 욕구를 인정해주고 나서, 조금 기다리면 그 욕구가 채워진다는 것을 알게 해줘야 합니다.

다음 예를 볼까요?

아이가 "엄마, 나하고 놀아요!"라고 말하면,

엄마는 "안 돼, 지금 바빠."라고 대답하지 말고,

"그래, 5분 뒤에 놀자."라고 아이가 기다려야 하는 시간을 분명하게 말해줍니다.

아이가 "엄마, 미끄럼틀 타도 돼요?"라고 물으면,

엄마는 "안 돼, 시간 없어."라고 대답하지 말고,

"그래, 다섯 번만이야."라고 아이가 알아들을 수 있는 숫자로 정확하게 대답해줍니다.

아이가 "엄마, 장난감 사주세요."라고 조르면,

"안 돼, 나중에 사줄게."라고 막연하게 말하지 말고,

"그래, 네 생일에 사줄게."라고 구체적으로 시점을 알려주세요.

여기서 중요한 점은 반드시 "그래."라고 먼저 아이의 욕구를 인정해주고 나서, 지금 당장은 안 되지만 일정한 기간을 기다리면 그 욕구를 채울 수 있다는 것을 알 수 있도록 구체적인 날짜나 시간을 정확하게 알려주는 것입니다. "안 돼."라고 단정적으로 금지하면 아이는 어떻게든 자기주장을 관철시키려고 하지만, "그래."라고 욕구를 인정해주면 반항심이 줄어듭니다.

또 '무엇을 하면 무엇을 해주겠다.'는 식으로 아이에게 쓸데없이 조건을 달아서도 안 됩니다. 이 방법은 어디까지나 아이가 기다림을 배우게 하는 데

목적이 있는 만큼, 그 기다림에 시간과 날짜를 정해주는 것이 관건입니다.

앞서 소개한 슈퍼마켓의 엄마와 아이를 예로 들자면, 아이가 "과자 사 주세요!" 하고 조를 때 엄마는 "그래. 쇼핑 다 끝나면 사줄게."라고 다정하게 대답하고, 아이한테 휘둘리기보다는 자기 의사를 관철해야 했습니다. 물론 약속은 꼭 지켜야겠죠. 그러면 아이는 원하는 것을 얻기 위해 엄마가 쇼핑을 끝낼 때까지 욕구를 참으며 기다렸을 겁니다. 아이가 그런 기다림에 익숙해지면 엄마는 조금씩 기다리는 시간과 날수를 늘려갑니다.

"그래. 내일 사줄게."
"그래. 일요일에 사줄게."

그렇게 결국, 엄마가 정한 날짜까지 아이는 기다릴 수 있게 됩니다.

"과자는 매주 일요일만, 쇼핑이 다 끝나면 산다."

이처럼 시점을 정할 때에는 반드시 부모와 아이가 동의할 수 있는 규칙을 정하도록 합니다. 엄마가 일방적으로 규칙을 정하면 아이는 따르지 않습니다. 서로 잘 타협해서 규칙을 정하면 아이는 무의식적으로 그것을 자기가 정한 규칙으로 생각하고 지키려고 합니다.

그렇게 아이가 "오늘은 과자를 살 수 없는 날이구나." 하며 스스로 욕구를 자제하면, 엄마는 곧바로 "네가 약속을 지키니까 엄마는 참 기쁘구나."라고 그 작은 기다림을 칭찬해줍니다. 그러다 보면 아이는 "오늘은 일요일이 아니니까, 나는 쇼핑하러 함께 가지 않을 거야."라고 말하기도 하겠죠.

아이와 약속하면,
꼭 지켜주세요.

아이 스스로 극복할 힘을
키워주는 대화법

제멋대로인 아이, 참을성 없는 아이는 지금 눈앞에서 벌어진 상황에 어떻게 대응해야 할지 알 수 없어 불안해하다가, 결국 감정을 그대로 드러내고 맙니다. 어떻게 해야 자신의 바람이 이루어질지, 자신의 욕구불만이 해소될지를 안다면, 감정을 자제하고 욕구를 참을 수 있게 되겠죠. 이럴 때에는 대화를 통해 사실 사이의 인과관계를 가르쳐주는 것이 효과적입니다.

"더워! 더워!"하고 짜증을 내는 아이에게는
"더우니까, 옷을 하나 벗어야겠다."라고 말해주고,
"배고파! 배고파!"라며 보채는 아이에게는
"세 시가 되면, 간식 먹어야겠네."라고 말해주고,
"힘들어! 힘들어!"라고 말하는 아이에게는,

"힘드니까 좀 쉬자꾸나."라고 말해줍니다.

이런 식으로 생각하고 말하는 것이 어른으로서는 당연해 보이지만, 아이에게는 두 가지 사실을 인과관계로 연결하는 일이 의외로 어렵습니다. 따라서 어른이 구체적으로 '이렇게 되었으니까, 이렇게 해야지.'라고 정확하게 알려줘야 합니다.

유치원까지 20분 거리를 엄마와 함께 걸어서 다니는 다섯 살 남자아이가 있었습니다. 그런데 잘 걷다가도 갑자기 걸음을 멈추고 "힘들어요…. 업어주세요…." 하면서 응석을 부리곤 했답니다. 다섯 살짜리 아이라고 해도 매일 아침 유치원에 갈 때마다 업어달라고 하면 엄마는 지쳐버리겠죠. 어떻게 하면 좋을까요?

이 아이가 엄마에게 업어달라고 하는 이유는 전에도 걷기 힘들 때 떼를 쓰면 엄마가 업어줘서 기뻤던 기억이 있기 때문입니다. 그리고 '걷기 힘들 때에는 업어달라고 한다.'는 한 가지 해결책밖에 모르기 때문입니다. 실제로 '업힌다'는 수단조차 제대로 기억하지 못하는 아이는 무조건 "힘들어, 힘들어."라는 말만 칭얼대며 응석을 부립니다. '힘들면 쉰다.'는 것은 어른에게 지극히 당연한 해결책이지만, 이것을 아이에게 알려주는 어른은 많지 않은 것 같습니다.

저는 이 문제로 상담한 엄마에게 '아이가 힘들다고 말하면 쉬게 하는' 대화법을 권했습니다. 앞서 예로 들었던 대화처럼 아이가 "힘들어…."라고 칭얼대기 시작하면 "힘드니까, 조금 쉬자."라고 말하고 가까운 벤치로 가서 앉기를 권했습니다. 그러자, 아이는 뜻밖에도 순순히 엄마 말대로 벤치에 앉아 쉬었다고 합니다. 그리고 잠시 후에는 자기가 먼저 "엄마, 이제 가요."라고 말했다고 해요. '힘드니까 쉰다.'는 인과관계를 배운 것이죠. 그렇게 엄마와 아이는 매일 유치원과 집을 오가는 도중에 벤치에서 쉬는 것이 습관이 되었다고 합니다.

아들을 씩씩한 아이로 키우고 싶다면, 어떤 일에든 남을 탓하지 않고 스스로 극복하는 힘을 길러줘야 합니다. 그러나 아이는 아직 경험이 미숙하기 때문에 때로 어른의 도움이 필요합니다. 그런 도움의 하나가 바로 '아이에게 해결책을 제안하는 것'입니다.

해결책을 가르쳐주면,
극복할 거예요.

아빠가 육아에 많이 참여하면
참을성 있는 아이가 된다

아빠가 육아에 관심을 보이는 가정에서 자란 아이는 어려움에 맞서 이겨내는 힘이 생긴다고 합니다. 왜냐면 남자는 무엇보다도 결과를 중요시하는 경향이 있기 때문입니다. 예를 들어 차를 타고 낯선 목적지로 향할 때 여성은 지도나 GPS를 보면서 어디서 어떻게 회전하고 전진해야 하는지를 꼼꼼히 확인합니다. 반면에 남성은 목적지의 위치만 확인하면 도중에 어디서 어떻게 회전하고 전진하든 신경 쓰지 않습니다.

아빠와 아이가 함께 걸을 때 아이가 걷기 힘들다며 투정을 부리더라도 아빠는 목적지에 도착하기만 한다면 도중에 얼마나 자주, 그리고 얼마나 오랫동안 쉬든지 상관하지 않습니다. 아빠는 때로 아이의 욕구를 세심하게 살피지 못하지만, 아이가 반드시 목적지에 도달하도록 이끌어줍니다.

이처럼 엄마와 아빠는 문제를 해결하는 방식이 서로 다릅니다. 아이가 제멋대로 투정을 부릴 때에는 아이를 아빠에게 맡기도록 합시다. 아빠는 분명히 엄마와는 다른 방법을 찾아낼 것입니다.

가끔은 남자들끼리 외출하게 하세요. 아이는 대담한 경험을 하고, 씩씩해져서 돌아올 것입니다.

투정을 부릴 때, 아이를 아빠에게 맡겨보세요.

제6장
여섯 살에는
배려심을 길러라

남자아이의 배려심은
체험이 토대가 된다

　여자아이에 비해 남자아이는 다른 사람의 감정을 잘 살피지 못합니다. 여자아이는 자기가 직접 경험하지 않아도 상대방의 어려운 처지를 상상할 수 있지만, 남자아이는 오로지 자신의 경험을 토대로 공감합니다. 그래서 남자아이에게 다른 사람의 고통을 알게 하려면 고통스러운 체험을, 슬픔을 알게 하려면 슬픈 체험을 하게 하는 것이 필요합니다.

　남을 배려하는 마음은 공감하는 능력이 발달하는 여섯 살 무렵에 생깁니다. 남을 진심으로 친절하게 대하려면, 그 사람의 처지에서 그의 기분이 어떨지를 헤아릴 수 있어야 합니다. 아이가 친구를 때리고 완력으로 장난감을 빼앗는 것은 남을 배려하는 마음이 없기 때문이 아니라 단지 그 장난감을 갖고 싶다는 생각밖에 없기 때문입니다. 어떻게든 장난감을 손에 넣고 싶어서 폭력을 써서라도 빼앗는 것이죠. 자신의 행동을 장난감을 빼앗긴 친구의 처지에서 생각해보지도 못하고, 친구의 기분을 헤아리지도 못하는 것입니다.

이럴 때 부모는 "친구를 때리면 안 돼!"라고 꾸짖겠지만, 아이가 "그래도 저 장난감 갖고 싶단 말이야!" 하고 대들면 상황은 참으로 난감합니다. 아이는 사람들과 다양한 관계를 맺으며 이를 통해 여러 가지를 배우고 공감하는 능력을 기르게 됩니다. 다른 사람에게서 괴롭힘을 당하면 괴롭힘 당하는 기분을 알게 되고, 누군가가 친절하게 대해주면 친절하게 대우받을 때의 기분을 알게 되는 것처럼, 공감은 경험을 토대로 갖추게 되는 능력입니다.

체육 시간에 선생님이 아이들에게 지금까지 배웠던 동작을 한 사람씩 해보라고 합니다. 이럴 때 기다렸다는 듯이 실력을 뽐내는 아이도 있지만, 운동에 재능이 없는 아이는 위축되게 마련입니다. 자기 차례가 된 한 아이가 어깨를 축 늘어뜨리고 자신 없는 모습으로 마지못해 동작을 시도하려고 합니다. 그 순간, 옆에 있던 친구가 외칩니다.

"힘내!"

마음에서 우러나온 진실한 응원이죠. "힘내!"라는 격려는 어른 사이에서는 어렵잖게 들을 수 있지만, 아이의 입에서 이런 말이 나오는 경우는 흔하지 않습니다.

친구를 격려한 아이는 마치 자기가 그 친구의 처지에 놓여 있는 것처럼, 엄청난 긴장을 견디며 도전에 나서는 친구의 기분을 아프게 느끼고 있는 것입니다. 그럴 때 아이의 "힘내!"라는 격려는 아주 따뜻한 말이죠. 이처럼 배려나 공감은 다른 사람의 아픔을 진심으로 느낄 때 시작됩니다. 열심히 하라며 응원하는 마음은 비록 어리지만 나이의 한계를 넘어서는 경험에서 태어나는 아름다운 감정입니다.

힘든 경험을 하면
남을 배려하게 돼요.

난폭한 아이에게 친절을 가르치려면
놀이와 그림을 활용하자

남자아이에게 배려하는 마음이 생기게 하려면 힘든 체험을 하게 하는 것이 좋은데, 가상 놀이pretend play나 그림책도 도움이 됩니다. 가상 놀이는 엄마놀이나 의사놀이, 인형놀이처럼 인형과 대화하거나, 의사 흉내를 내거나, 엄마 아빠 역할을 해보는 놀이입니다. 가상 놀이는 아이가 사회 구성원으로서의 역할과 사람들 사이의 관계성을 마음속에 구축하는 데 매우 유용한 수단입니다. 평소에 고집이 센 아이도 가상 놀이를 통해 다른 존재가 되어본다든가, 그림책 속의 등장인물에 자신을 투영함으로써 공감하는 능력을 기를 수 있습니다.

조금 난폭하게 행동하는 여섯 살배기 남자아이가 있었습니다. 활달한 성격이지만, 생각 없이 행동하는 면이 있었죠. 친구랑 같이 잘 놀다가도 곧 친구의 물건을 빼앗거나, 자기 마음대로 되지 않으면 심통을 부리거나, 마음에 드는 아이가 있어도 친구가 되고 싶다는 의사를 제대로 표현하지 못하고 오히려 짓궂게 굴거나 괴롭혔습니다. 선생님은 그럴 때마다 난폭하게 굴지 말라고 타일렀지만, 아이는 선생님과는 눈도 마주치지 않아서 선생님의 말을 제대로 들었는지조차 알 수 없었습니다. 그리고 시간이 지나면 또다시 난폭한 행동을 했습니다.

이 이야기를 들은 저는 그 아이가 원래 성격이 난폭해서가 아니라, 마음 내키는 대로 행동하기 때문에 상대방의 자존심이나 감정에까지 생각이 미치지 못해서 그런 폭력성을 드러낸다고 생각했습니다. 저는 그 아이에게 가상 놀이를 시도해보면 효과가 있으리라고 판단하고, 선생님에게 그렇게 권유했습니다. 즉, 인형을 사용해서 그 아이가 친구들에게 하는 행동을 그대로 보여주는 것입니다.

그 아이는 가상 놀이를 그다지 좋아하지 않았지만, 선생님이 인형을 가지고 함께 놀자고 하자 좋아했다고 합니다. 선생님은 토끼 인형을, 아이는 곰 인형을 가졌습니다. 그리고 토끼가 먼저 "야, 나하고 놀자."라고 곰에게 말을 걸었습니다.

"그래. 뭘 하고 놀지?"
"쌓기나무놀이 할까?"
"그래. 좋아!"

그렇게 토끼와 곰은 함께 쌓기나무놀이를 시작했습니다.

그러다가 토끼가 갑자기 돌발적인 행동을 했습니다.

"으앙… 잘 안되잖아. 싫어! 안 할래!"

그렇게 소리를 지르며 쌓아놓은 나무 블록들을 무너뜨리고, 난폭하게 굴기 시작했습니다. 바로 남자아이가 늘 하는 행동을 그대로 흉내 낸 거죠. 토끼의 행동을 본 곰은 어떤 반응을 보였을까요? 곰은 놀라서 잠시 멍하니 토끼의 과격한 행동을 바라보다가 입을 열었습니다.

"괜찮아. 너는 잘할 수 있어."
"안 된다니까. 이것 봐! 또 무너지잖아."
"나처럼 이렇게 해봐!"

곰은 토끼에게 시범을 보이고, 어떻게든 토끼를 달래보려고 애쓰면서 이 방법 저 방법을 동원해봤지만, 토끼는 여전히 제멋대로 행동했습니다. 하지만 곰은 끈기 있게 토끼와 함께 놀아줬습니다. 곰의 도움으로 쌓기나무 성이 완성되자, 토끼가 말했습니다.

"곰돌아, 고마워!"

토끼 역할을 맡은 선생님은 의도적으로 남자아이의 통제되지 않은 평소 행동을 재현했지만, 곰은 토끼의 돌발적이고 난폭한 행동에 꽤 당황하면서도 끝까지 토끼를 도와줬습니다. 선생님은 이 남자아이가 원래는 성격이 친절하고, 마음이 진정된 상태에서는 다른 사람을 배려할 줄도 안다는 사실을 발견했습니다. 이 가상 놀이가 아니었다면 평소처럼 화를 냈겠지만, 아이는 곰 역할을 하면서 토끼가 아무리 터무니없이 투정을 부려도 끝내 놀이를 포기하지 않았습니다. 선생님은 매일 아이와 쌓기나무놀이를 반복했고 그때마다 토끼는 돌발 행동을 했지만, 곰은 놀이를 시작하면서 늘 토끼에게 "내가 도와줄 테니까, 오늘은 울지 마." 하고 상대에 대한 배려를 잊지 않았습니다. 이런 과정이 되풀이되면서 문제를 일으키던 남자아이의 행동은 거의 사라졌습니다. 물론 가끔씩 고집을 부리기는 했지만, 그럴 때 토끼와곰놀이를 하면 말로 하는 꾸지람보다 훨씬 효과가 컸습니다.

여기서 한 가지 매우 중요한 사실을 말해야겠습니다. 즉, 우리가 남에게 친절을 베푸는 가장 큰 이유는 그 사람이 기뻐하기 때문이라는 것입니다. 바로 이 사실을 아이가 깨닫게 해줘야 할 필요가 있습니다. 그래서 토끼는 마지막에 "곰돌아, 고마워!"라는 말을 절대 잊어서는 안 되는 것입니다.

인형놀이로
배려를 배워요.

진심에서 우러난 '고마워', '미안해'가 친절을 키운다

남자아이는 여자아이에 비해서 감정을 말로 표현하는 데 서툽니다. 그래서 잘못을 저지르고 속으로는 후회하고 있어도 "잘못했어, 미안해."라고 말하기를 주저하거나, 누군가가 친절하게 대해주면 속으로는 좋으면서도 "고마워."라는 말을 쉽사리 입 밖에 내지 못합니다. 하지만 어릴 때 아이가 "고마워.", "미안해."라고 말하게 하는 것은 매우 중요한 일입니다.

친구에게서 과자를 받은 아이에게 엄마가 "친구한테 고맙다고 해야지?"라고 말하면, 아이는 기어 들어가는 목소리로 "고마워."라고 엄마가 시킨 대로 따라 합니다. 잘못을 저질렀을 때에도 엄마가 "미안하다고 해야지?"라고 말하면, 아이는 "미안해."라고 말하지만 목소리에는 불만이 가득 차 있습니다. 엄마가 "고마워.", "미안해."라고 말하라고 분명히 가르쳤지만, 아이는 그럴 마음이 없으니 그저 입만 움직이고 있을 뿐입니다. 고맙다거나 미안하다는 말에 마음이 담겨 있지 않으면, 아무 의미도 없습니다. 그러나 아이가 자기 말에 마음을 담게 하기란 참으로 어려운 노릇이죠. 이럴 때 과연 어떻게 하면 좋을까요?

사실은 마음을 담아 "고마워!"라고 말할 수 있는 아이는 이미 다른 사람에게서 "고마워!"라는 말을 들어본 적이 있고, 그에게 계속 고마운 일을 해주고 싶다는 마음을 품어본 적이 있는 아이입니다. 마음을 담아 "미안해!"라고 말할 수 있는 아이는 이미 다른 사람에게서 "미안해!"라는 말을 들어본 적이 있고, 평상심으로 돌아왔을 때 마음이 얼마나 홀가분한지를 느껴본 적이 있는 아이입니다. 자기 아이가 남을 배려할 줄 아는 사람이 되기를 원한다면 어른이 먼저 일상생활에서 마음을 담아 "고마워.", "미안해."라는 말을 할 수 있어야 합니다.

사과하거나
감사할 때에는
진심을 담아
말해주세요.

마음을 담아 "고마워."라고 말한다

남자아이에게 아빠의 '고마워', '미안해'가
가장 좋은 모범이 된다

남자아이한테 남을 배려하는 마음을 심어줄 때에는 아빠가 "고마워.", "미안해."라고 말해주는 것이 가장 효과적입니다. 왜냐면 남자아이가 자기 기분을 말로 표현하기 어려운 것처럼, 대체로 아빠는 엄마보다 자신의 감정을 제대로 표현하지 못하는 경향이 있기 때문입니다.

아이의 눈으로 볼 때 덩치도 크고, 힘도 세고, 늘 올바른 사람처럼 보이는 아빠한테서 "고마워!"라는 말을 들으면, 아이는 왠지 자신도 멋지고 힘도 센 것처럼 느껴져서 다른 사람들에게 도움이 될 수 있을 것 같은 기분이 듭니다. 언제나 올바르고, 틀린 적이 없을 것 같은 아빠가 "미안해!"라고 말하면, 왠지 자기가 올바른 인간으로 인정받는 듯한 느낌이 드는 것이죠.

어느 겨울 일요일 아침, 아빠가 가구를 수리하려고 집 밖에서 나무 판자를 겹쳐놓고 못을 박고 있습니다. 그때 여섯 살 난 아들이 다가옵니다.

"여기 위험해. 가까이 오지 마!"
"감기 걸린다. 집 안으로 들어가!"

대부분 아빠가 이렇게 말하지 않나요? 하지만 이렇게 하면, 아이의 호기심은 순식간에 싹이 잘리고, 다른 사람들에게 도움이 되고 싶은 욕구도 함께 사라지집니다. 이럴 때 이상적인 대화는 다음과 같습니다.

"아빠 뭐 하세요?"
"마침 잘 왔다. 못을 박으려고 하는데, 판자 좀 잡고 있으련?"
"네, 알았어요."
"좋아. 네가 도와줘서 수월하게 끝냈어. 못 상자 좀 정리해줄래?"
"네, 아빠. 이렇게 하면 돼요?"
"참 잘했다. 네가 도와줘서 아빠는 참 기쁘다. 고마워."

이런 장면에서 의외로 아빠가 고맙다는 말을 제대로 하지 않는 경우가 흔합니다. 반드시 "고마워!"라고 말하세요. 아이는 아빠와 엄마한테 칭찬받기를 무척 좋아합니다. 그리고 돕는 것도 좋아하죠. 모든 인간이 그렇듯이 아이에게도 다른 사람들을 돕고 싶은 욕구가 있습니다. 바로 이런 경우가 아이에게 배려심을 심어줄 중요한 기회입니다! 아이가 돕고 봉사하려는 마음을 받아주고, "고마워."라는 말을 듣는 기쁨을 알게 해주세요.

또 이런 경우도 있습니다. 아빠가 텔레비전을 보려는데 리모컨이 보이지 않습니다. 아빠는 방금 전에 텔레비전을 보고 있던 여섯 살 아들을 의심합니다. 아빠가 묻습니다.

"너, 조금 전에 텔레비전 봤지? 리모컨 어디에 뒀어?"
"리모컨? 어디 있는지 몰라요."
"그럼, 어서 찾아봐!"
"네."

아이는 리모컨이 어디 있는지 전혀 모르면서도 아빠가 시킨 대로 리모컨을 찾아 여기저기 뒤져보지만 눈에 띄지 않습니다. 아이가 리모컨을 찾아내지 못하니, 조바심이 난 아빠는 슬슬 짜증을 냅니다.

"이런! 대체 어디 두고 못 찾는 거야?"

아빠가 소파에서 벌떡 일어나는데, 바로 그 자리에 리모컨이 떡하니 놓여 있습니다. 소파에 놓여 있던 리모컨을 보지 못한 아빠가 그것을 깔고 앉아 있었던 것입니다.

"아빠, 거기 있잖아요! 내가 치우지 않았다고 했잖아요!"
"알았으니까, 다음부터는 보이는 곳에 잘 둬라."

아이가 리모컨을 치우지 않았다는 사실을 알게 된 아빠는 멋쩍어하면서 아이를 의심했다는 사실을 얼버무립니다. 하지만 이럴 때 "아빠가 잘 몰랐어. 널 의심해서 미안해."라고 분명히 말해야 합니다. 그럴 때 아빠의 의심 때문에 생긴 아이의 불신감은 "미안해!"라는 한마디 말로 대번에 사라집니다. 화를 냈던 아빠가 틀렸다는 것을 스스로 인정했다는 사실에서 아이는 무언가 속이 시원해집니다. "그것 봐요. 내가 리모컨을 치우지 않았다고 했잖아요."라고 말하고 싶어지겠죠. 그만큼 아빠의 "미안해."는 아이에게 큰 의미가 있습니다.

자기 잘못을 인정할 줄 아는 아이가 되어 세상을 진실하게 살아가기를 바란다면, 먼저 아빠가 당당하게 "고마워.", "미안해."라고 말해주세요.

어른이 잘못을 솔직하게 인정하는 모습을 보여주세요.

제7장
일곱 살에는
자신감을 길러라

자신감이 없는 아이가
많아지는 이유는?

아이가 일곱 살이 될 때까지는 확실하게 자신감을 키워줘야 합니다. 자신감은 자기가 태어난 의미와 살아가는 가치를 인정하고, 자기답게 살려는 에너지가 됩니다.

아이의 자신감에 관한 조사에서 '수학 공부에 자신감이 있는가.'라는 질문에 미국의 초등학생들은 70%가 '예.'라고 대답한 반면, 같은 연령대의 일본 학생들은 20%만이 '예.'라고 대답했다고 합니다. 일본의 아이들이 얼마나 자신감이 결여되었는지를 보여주는 자료입니다. 실제로 오늘날 "나는 존재하는 것만으로도 가치가 있다."고 말하는 아이는 그리 많지 않습니다.

자신감이 있는 아이는 성인이 되었을 때 자신의 능력을 충분히 발휘할 힘을 갖추게 됩니다. 사람들의 평가에 연연하지 않고, 다양한 대상에 자유롭게 흥미를 느끼고 도전할 수 있기 때문이죠. 하지만 어느 정도 나이가 들면 "나는 못 해, 하고 싶지 않아."라는 부정적인 말을 하기 시작합니다. 아이는 제한된 환경에서 언제나 같은 또래의 아이들과 정해진 기준에 따라 자신을 상대적으로 비교하기 때문입니다. 하지만 누군가에게 사랑받고 있다고 느끼면, 이런 무기력한 감정을 극복할 수 있습니다.

자, 여기서 간단한 자신감 테스트를 해봅시다. 아이에게 다음과 같은 질문을 해보세요.

"너는 누군가에게 사랑받고 있니?"
"너를 사랑하는 사람은 누구지?"

이 질문은 일곱 살 정도의 아이에게 효과가 있습니다. 아이들의 자신감은 바로 이 시기부터 차이가 생기기 시작합니다. 이 테스트는 대화가 가능한 네 살 아이에게도 시도할 수 있습니다. 아이가 '사랑받고 있다.'는 말을 이해하지 못한다면 "너를 많이 좋아하는 사람은 누구지?" 하고 물어보세요. 이런 질문은 대체로 이런 대화로 이어집니다.

"엄마!"
"엄마가 너를 많이 좋아하는 것 같아?"
"응. 그러니까 엄마는 날 꼭 안아주잖아. 그다음은 아빠."
"아빠도 너를 많이 좋아하는구나?"
"응, 아빠는 나하고 함께 놀아주니까. 그다음은 할아버지랑 할머니. 나한테 장난감도 사주니까."

아이가 어떤 이유를 대든지 많은 사람을 꼽을수록, 자신감이 많다는 것을 의미합니다. 때로 "아빠는 나를 미워해. 늘 화를 내시거든."이라는 식의 부정적인 대답이 나올 수도 있는데, 이것은 부모의 사랑이 아이에게 충분히 전달되지 않는다는 증거입니다. 때로 부모가 화를 내는 것은 아이가 잘되기를 바라는 마음에서 일어나는 일이라는 것을, 그리고 부모는 늘 아이를 사랑하고 있다는 것을 이해할 수 있게 해주세요.

사랑이 자신감을
키워줘요.

엄마가 아이를 믿으면
아이는 능력을 발휘한다

엄마가 "괜찮아. 넌 할 수 있어."라고 말하면 아이는 반드시 할 수 있게 됩니다. 엄마는 아이와 오랜 시간을 함께 보내기 때문에 아이의 장점과 단점을 마치 자기 것처럼 느끼고, 아이가 실패할 것 같으면 자기도 모르게 도움의 손길을 뻗칩니다. 아이는 엄마가 성공의 가능성을 의심하면 성장 속도가 늦어집니다. 반면에 엄마가 아이의 성공을 믿고 응원하면, 성장 속도가 빨라집니다.

체조 동작 중에서 바닥에 누운 자세로 엉덩이와 다리를 들어 올리는 브리지를 연습하던 일곱 살짜리 남자아이가 있었습니다. 저는 아이에게 "매일 꾸준히 연습하면 다음 주에는 틀림없이 할 수 있을 거야."라고 말해줬습니다. 그랬더니 아이도 엄마도 놀랐다는 듯이 "네? 다음 주면 할 수 있다고요?" "에이, 어떻게 그럴 수 있어요? 말도 안 돼요."라며 믿을 수 없다고 했습니다. 아이는 체조를 끝내고 돌아갈 때 "정말 제가 할 수 있어요?"라고 몇 번이나 물었습니다. 제가 "분명히 할 수 있으니까 하루도 빠지지 말고 열심히 연습해."라고 했더니 "제가 만약 못 하면, 저한테 거짓말하신 거예요."라고 기쁜 듯이 크게 소리치며 돌아갔습니다.

그리고 일주일 후에 아이는 브리지에 도전했고, 제가 예측했던 대로 훌륭하게 성공했습니다. 저를 비롯해서 그곳에 있던 엄마들은 박수를 보냈죠. 나중에 아이의 엄마는 제게 "선생님, 믿을 수가 없어요. 우리 아이가 어떻게 해낼 수 있었을까요?"라고 물었습니다. 저는 "우리가 모두 할 수 있다고 믿었으니까요."라고 대답했습니다.

그렇습니다. 아이는 주위에서 '할 수 있다'고 믿어주면, 난생처음 시도한 것도 2주 만에 습득할 수 있습니다. 운동만이 아닙니다. 계산도, 한자도, 물구나무서기도, 자전거 타기도, 지금 과제로 생각하는 모든 것에 2주면 변화를 가져올 수 있습니다.

어른의 기대가 아이의 성과를 올리는 것을 '피그말리온 효과'라고 합니다. 피그말리온은 그리스 신화에 등장하는 왕으로 자신이 조각한 여성상을 열렬히 사랑했는데, 그 모습을 지켜본 미의 여신 아프로디테가 그의 소원대로 그 조각상을 인간으로 만들어줬다는 일화로 유명하죠. 피그말리온 효과는 다른 사람의 기대나 관심이 당사자의 능률을 오르게 하거나 좋은 결과를 낳게 하는 현상을 말합니다. 1964년 미국의 교육심리학자 로버트 로젠탈은 어떤 대상에 대해 기대를 품으면, 그것이 현실로 나타난다는 사실을 실험으로 입증했습니다. 이런 가설에 따라 샌프란시스코의 한 초등학교에서 지능 테스트를 한 적이 있습니다. 실험자는 담임선생님한테 앞으로 몇 달 사이에 분명히 성적이 오를 것으로 예상되는 학생들의 명단을 줬는데, 사실 그것은 성적과 아무 상관없이 무작위로 뽑은 아이들의 이름이었습니다. 선생님은 이 아이들의 성적이 오르리라는 기대를 품었고, 실제로 그 아이들의 성적이 올랐다고 합니다. 아이들에 대한 선생님의 기대가 성적 향상의 원인이 되었던 거죠.

엄마가 아이를 믿으면, 아이는 성과를 보입니다. 이와 반대로 아이에게 "너는 할 수 없어."라고 계속 말하면 실제로 아이는 아무것도 해내지 못합니다. 아이는 불안과 긴장에서 해방되면 더 큰 의욕과 끈기를 발휘합니다. 늘 오랜 시간을 아이와 함께 보내는 엄마가 먼저 아이를 신뢰하고 응원해주세요.

엄마의 말 한마디로
아이는 천재가 됩니다.

아빠의 관심이
남자아이의 자신감을 강화한다

남자아이에게 아빠가 미치는 영향은 매우 큽니다. 하지만 아직도 여성보다는 남성이 바깥일에 빼앗기는 시간이 많은 요즘 가정생활에서 아빠는 아이와 충분히 함께 있어주지 못하는 것이 현실입니다. 아빠는 아이가 어떤 친구와 놀고 있는지, 어떤 놀이에 흥미가 있는지, 어떤 음식을 좋아하는지, 세세한 것에는 좀처럼 눈길이 가지 않습니다.

이런 환경에서도 아빠의 존재감을 발휘하면서 아이의 성장을 뒤에서 밀어주는 데 간단하고도 효과적인 방법이 있습니다. 그것은 바로 아이에게 관심을 보이는 것입니다. 구체적으로 예를 들자면 매일 아이와 마주칠 때마다 생각나는 것을 그대로 말해주는 것입니다.

"오늘은 파란 옷을 입었구나."
"머리 모양이 잘 어울린다."

"장난감 자동차니? 안에 뭐가 들어 있어?"
"옷이 많이 더러워졌네. 뭐 하고 놀았어?"
"그새 키가 더 큰 것 같은데?"
"책을 좋아하는구나. 지금 무슨 책 읽고 있니?"
"잘 먹는구나. 키가 부쩍 크려나봐."

물론 특별한 의미가 있는 말은 아닙니다. 단지 아이를 가만히 관찰하고 평소와 다른 변화에 대해 느낀 점을 솔직하게 말해주는 것이 좋습니다. 이것은 앞서 말한 '승인'으로, 꼭 칭찬해줄 필요는 없습니다. "파란 옷이 멋있구나."라고 말하면 칭찬이 되지만, "오늘은 파란 옷을 입었구나. 파란색은 시원한 느낌이 들지."라는 말은 그저 눈에 띄는 변화를 말하고 자신의 생각을 더하는 정도입니다. 이것은 상대에게 "늘 너를 보고 있어.", "늘 너에게 신경 쓰고 있어."라는 중요한 메시지를 보내는 행위입니다. 우리는 다른 사람이 내게 관심을 보인다는 사실만으로도 힘을 얻고, 그것을 바탕으로 더 열심히 노력하게 됩니다.

숫기가 없는 일곱 살 남자아이가 있었습니다. 사람들과 눈을 마주치지 않고, 친구들과 어울리지도 않고, 늘 혼자였습니다. 저는 그 아이에게 '승인'의 방법을 적용했습니다. 매일 한 마디씩 말을 걸어주기로 한 것이죠.

"머리 잘랐구나."
"오늘은 빨리 왔네."
"오늘은 기분이 좋아 보인다."
"오늘은 혼자야?"

대화라고 부를 것도 없이 사소한 말을 건넸을 뿐이었습니다. 그런데 말을 걸었던 것 자체가 효과적이었습니다. 늘 친구들과 떨어져 있던 아이는 조금씩 친구들에게 다가가서 거리를 조금씩 좁혀갔습니다. 그리고 두 달쯤 지나자, 친구들과 어울리게 되었습니다. 이 효과에는 저도 놀랐습니다. 그만큼 관심을 보이는 것은 절대적으로 아이의 동기를 좌우합니다.

아빠들은 종종 뜬금없이 그동안 아이와 함께하지 못했던 시간을 벌충하겠다고 아이에게 관심을 보이며 이것저것 물어봅니다.

"오늘은 학교에서 무슨 일이 있었니? 공부 열심히 했어?"
"요즘 어때? 친구들하곤 잘 지내지?"

하지만 아이는 아빠가 갑자기 묻는 말에 뭐라고 대답해야 할지도 모르겠고, 이런 억지 대화가 즐거울 리도 없습니다. 따라서 형식적인 질문을 던지기보다는 자연스럽게 생각나는 것을 말하고, 아이에 대한 관심을 보여주는 것이 좋습니다. 그러다 보면 아이에게서 여러 가지 이야기를 들을 수 있게 될 것입니다.

남자아이는
아빠에게 인정받고
싶어 해요.

어떻게 해야 할지 모를 때에는
일단 아이를 꼭 껴안아라

아이를 키우다 보면 어떻게 대처해야 할지 몰라 망설여지는 순간이 찾아옵니다. 그럴 때면 아이가 스스로 성장하는 힘을 믿고, 7초간 아이를 품에 꼭 안아주세요. 꼭 안아주는 행동은 아이의 마음을 편안하게 해서 애정으로 가득 채우는 효과가 있습니다. 그렇게 7초 이상 꼭 끌어안아주세요. 아이가 싫어하는 것 같으면, 이제 사랑은 충분하다는 뜻입니다

아이만이 아닙니다. 사람은 누구나 가슴이 사랑으로 가득 차 있을 때 가장 큰 행복을 느끼고, 능력을 한껏 발휘할 수 있는 상태가 됩니다. 아이는 때로 부모가 생각하는 길에서 벗어날 수도 있겠지만, 믿음을 잃지 않고 계속 지켜보면 틀림없이 자기 힘으로 길을 찾아 성장해갑니다.

아이는 성장 과정에서 때로 다음 단계로 올라가려고 발버둥 치기도 합

니다. 그럴 때 주변에 휩쓸려 난폭해지거나, 문제를 일으켜 부모를 곤란한 상황에 빠뜨리기도 하지만, 모든 행동이 아이의 성장을 위한 한 단계로 필요한 과정입니다.

어떻게 대처해야 좋을지 고민이 된다면 무조건 7초간 꼭 끌어안아주세요. 그리고 "괜찮아. 넌 할 수 있어."라고 말해주세요. 이것은 무엇보다 효과가 큰 마법의 주문입니다.

꼭 끌어안아주면,
아이의 마음은
기쁨이 가득 차요.

여전히 엄마가 잘 모르는
'남자아이 교육의 비결'

지금까지 제가 수많은 아이를 만나면서 얻은 여러 깨달음 중에서 제가 자신 있게 말할 수 있는 것이 하나 있습니다. 그것은 모든 아이에게는 훌륭한 재능이 있다는 사실입니다. 일곱 살이 될 때까지 스스로 자신의 길을 헤쳐 나가는 능력을 기른다면, 아이가 이미 갖고 있는 훌륭한 재능을 살려 자신의 길을 찾아갈 수 있습니다.

다만 한 가지 기억해야 하는 것은 어떤 아이도 늘 착하지만은 않다는 사실입니다. 아이는 부모를 힘들게 하고, 걱정을 끼치기도 합니다. 어떤 아이나 마찬가지입니다. 친구들을 따돌리거나, 무언가를 자주 잃어버리거나, 부모가 선생님에게 불려가 주의를 받게 하거나, 학교에 가지 않는다거나….

하지만 아이가 그런 문제를 일으키는 이유는 바로 그때가 성장하는 시기이기 때문입니다. 제가 만난 아이들은 여러 가지 문제를 일으키고 나서는 반드시 다시 씩씩하고 건강하게 성장하는 길로 들어섰습니다. 다른 사람들과 전혀 대화하지 않아서 사회생활이 어려웠던 아이도 불과 반년 만에 몰라볼 정도로 주체성을 발휘하기도 했습니다. 지나친 행동과 난폭성 때문에 오랫동안 부모에게 걱정을 끼치던 아이가 몇 년 후에 믿을 수 없을 만큼 침착하고 선량한 아이가 되어 창작 분야에서 많은 상을 받고 능력을 뽐내기도 했습니다. 이처럼 아이가 '학습 능력'과 '사회 적응 능력'만 확실하게 익힌다면, 씩씩하게 행복한 인생을 살아갈 것입니다.

이 책의 일곱 가지 단계를 잘 익혀서, 아이와 부모가 함께 배우며 계속 성장해서 풍요로운 인생을 향한 첫발을 내딛는 계기가 되기를 바랍니다.

다케우치 에리카